数据科学与工程技术丛书

INTELLIGENT TECHNIQUES FOR DATA SCIENCE

大数据分析与算法

［挪］拉金德拉·阿卡拉卡（Rajendra Akerkar）

［印］普里蒂·斯里尼瓦斯·萨加（Priti Srinivas Sajja） 著

毕冉 译

U0378372

机械工业出版社
China Machine Press

图书在版编目（CIP）数据

大数据分析与算法 /（挪）拉金德拉·阿卡拉卡（Rajendra Akerkar）等著；毕冉译 . —北京：机械工业出版社，2018.9（2019.11 重印）

（数据科学与工程技术丛书）

书名原文：Intelligent Techniques for Data Science

ISBN 978-7-111-60876-9

I. 大… II. ①拉… ②毕… III. ①数据处理 IV. ① TP274

中国版本图书馆 CIP 数据核字（2018）第 211414 号

本书版权登记号：图字 01-2017-2022

本书不仅介绍数据科学的相关基础知识，还介绍了智能技术在大数据领域的应用，包括数据分析、基本学习算法、模糊逻辑、人工神经网络、基因算法和进化计算、使用 R 语言进行大数据分析等。

本书可以作为高等院校大数据、计算机及相关专业本科生和研究生的教材，也可以作为相关教师和从事数据分析、人工智能工作的技术人员的参考书。

出版发行：机械工业出版社（北京市西城区百万庄大街 22 号 邮政编码：100037）

责任编辑：张志铭　　　　　　　　　　　　　　责任校对：张惠兰

印　　刷：北京文昌阁彩色印刷有限责任公司　　版　　次：2019 年 11 月第 1 版第 2 次印刷

开　　本：185mm×260mm　1/16　　　　　　　印　　张：12.75

书　　号：ISBN 978-7-111-60876-9　　　　　　定　　价：59.00 元

译　者　序

数据科学于 20 世纪 60 年代被提出，1974 年彼得·诺尔出版了《计算机方法的简明调查》，他对数据科学定义如下："数据科学是处理数据的科学，一旦数据与其所代表事物的关系被建立起来，将为其他领域与科学提供借鉴。"在经历了几十年的发展之后，数据科学领域积累了大量的理论和成果，其应用领域也逐步扩大。随着技术的进步，数据规模增长很快，每时每刻都有各个领域的应用在某种程度上生成并存储了大量的数据。这些数据源不仅包括 Web 上每日的交易数据、传感器感知数据、交通数据等结构化数据，也包括网页、文本、图像、视频、语音等非结构化数据。这些数据中隐藏着很多有价值的信息和洞察力，因此众多公司通过数据分析来支持业务决策。例如，一些购物网站会根据用户的网页点击情况，调整产品显示的顺序并向用户推荐感兴趣的产品；一些手机 App 会根据用户的最近购买记录和轨迹，向用户推送优惠券等。数据科学对不同的数据源进行系统的研究和分析，理解数据的含义，并将数据作为工具用于支持决策和问题求解。

本书不仅介绍数据科学中的基本概念、基本技术和方法，帮助读者理解并掌握一些数据科学中的智能技术；还介绍了数据科学中涉及的监督学习、无监督学习、模糊推理、人工神经网络、进化计算、元启发式方法、群体智能、并行算法以及 R 语言编程。本书包含了大量的真实案例和面向应用的项目练习题，有助于读者深入理解书中的算法如何在实际中运用。

本书可以作为高等院校大数据、计算机及相关专业本科生和研究生的教材，也可以作为相关教师和从事数据分析、人工智能工作的技术人员的参考书。

限于译者水平，译文中难免存在疏漏和错误，望广大读者批评指正。

毕舟

2018 年 6 月

前　　言

　　信息和通信技术（ICT）已成为开展业务的常用工具。凭借 ICT 提供的高度适用性和支持，许多困难的计算任务都得到了简化。另一方面，信息和通信技术也成为创造挑战的关键因素！如今，如果不使用智能技术，那么在各领域收集的数据规模将远远超过我们缩减数据和分析数据的能力。积累的（大）数据中隐藏着很多有价值的信息。然而，要获得这些有价值的信息和洞察力是非常困难的。因此，帮助人类从数据中提取知识的新一代计算理论和工具是必不可少的。毕竟，为什么这些本质上聪明、智能的工具和技术不用来最小化人的参与，以及有效地管理海量数据呢？

　　计算智能技术，包括神经网络、模糊系统、进化计算以及其他的机器学习领域，在用于支持业务决策的数据识别、可视化、分类和分析等方面非常有效。已开发的计算智能理论已经应用于工程、数据分析、预测、医疗保健等许多领域。本书将这些技巧结合在一起来解决数据科学中的问题。

　　最近出现的"数据科学"一词，特指一个使得海量数据变得有意义的新行业。但是，处理数据并使其有意义这一点具有悠久历史。数据科学是一套用于支持和指导从数据中提取信息和洞察力的基本原则。与数据科学最密切相关的概念很可能是数据挖掘——通过包含这些原则，从数据中提取知识的技术。数据科学的核心输出是数据产品。数据产品可以是从推荐列表到仪表板的任何产品，也可以是支持实现更明智决策的任何产品。分析是数据科学的核心。分析侧重根据统计模型来理解数据。它关注数据的收集、分析和解释，以及数据分析结果的有效组织、展示和交流。

　　这本教材旨在满足希望从事数据科学和计算智能领域的研究和开发人员的需求。

全书概览

　　自 1994 年以来，我们在不同地方以不同形式教授了本书中的主题。特别是，本书基于作者过去几年在不同大学和不同研究机构所教授的研究生课程，其内容涉及各种数据科学的相关知识。来自参与者和同事的反馈在很大程度上帮助我们改进了本书的内容。

　　本书可以作为研究生或高年级本科生的一些课程的教科书或主要参考书，这些课程包括智能控制、计算科学、应用人工智能以及数据库中的知识发现等。

本书以智能的方式为读者设计和实现用于实际应用的数据分析方案奠定了坚实的基础。本书共分为 9 章。

下面简要介绍每一章中的内容。

❑ 数据对于任何企业而言都是重要资产。数据可以为客户行为、市场资讯以及运营绩效等领域提供有价值的洞察力。数据科学家搭建智能系统来管理、解释、理解数据，并从这些数据中获取关键知识。第 1 章概述了数据科学的这些方面。特别强调的是，帮助学生确定数据科学思维在数据驱动型企业中的重要性。

❑ 数据科学项目不同于典型的商业智能项目。第 2 章概述了数据生命周期、数据科学项目生命周期以及数据分析生命周期。本章还着重解释了标准的数据分析过程。

❑ 对于数据科学家而言，最常见的任务是预测和机器学习。机器学习侧重于数据建模，以及与数据科学相关的方法和学习算法。第 3 章详细介绍了数据科学家和分析师所使用的方法和算法。

❑ 模糊集合可以用作通用的近似器，这对建模未知的对象至关重要。如果操作员能够在特定情景下通过语言描述要采取的行动类型，那么使用数据对他的控制行为进行建模就非常有用。第 4 章介绍了模糊逻辑的基本概念及其在数据科学中的实际应用。

❑ 第 5 章介绍了人工神经网络——一种模拟人脑的计算智能技术。人工神经网络的一个重要特征是其适应性，其中"通过实例学习"取代了解决问题时的传统"编程"。另一个显著特征是允许快速计算的内在并行性。本章为神经网络和深度学习提供了实用的入门知识。

❑ 进化计算是一种创新的优化方法。进化计算的一个领域——遗传算法——涉及全局优化算法的使用。遗传算法基于自然选择和遗传学机制。第 6 章描述了机器学习环境中的进化计算，特别是生物进化和遗传算法。

❑ 当问题计算较困难或者仅仅是计算复杂度太高时，元启发式被认为是用于优化的健壮性方法。虽然元启发式通常不会生成最优解决方案，但它们可以在适当的计算时间内提供合理的解决方案，例如通过使用随机机制。元启发式和数据分析有着共同的基础，因为它们通过增量操作，在难解的搜索空间中寻找近似结果。第 7 章简要介绍了元启发式方法的基本要素，如自适应记忆方法和群体智能。本章还进一步讨论了分类方法，如案例推理。这种分类方法基于这一思想，即以前已解决问题的积累经验可以很好地代表新的情况。基于案例的推理已用于重要的现实世界应用中。

❑ 为了利用好大数据，就需要不断地进行分析，并利用数据中的价值。这需要一个基础架构，可以管理和处理大量的结构化和非结构化数据——数据流和存储中的数据——并且可以保护数据隐私和安全。第 8 章提供了广泛的、涵盖大数据的技术和工具，这些技术和工具支持高级分析、数据隐私以及伦理和安全问题。

❑ 第 9 章给出了 R 编程语言的简单介绍。R 语言既优雅又灵活，并且具有用于数据处理的大量语法。R 还包含强大的图形功能。

最后，附录提供了一系列在实践中处理数据科学的流行工具。在整本书中，真实世界的案例研究和练习都是为了强调该材料所涵盖的某些方面，并激发思想。

读者对象

本书面向寻求从实践数据科学家的角度来理解数据科学的人，包括：

❏ 希望进入数据科学领域的研究生和本科生。

❏ 商业智能、数据分析以及数据专业团队的经理。

❏ 有抱负的业务人员和数据分析师，他们希望在技能中添加智能技术。

前导知识

为了充分理解本书的内容，建议读者具备如下前导知识：

❏ 数据库系统，包括 SQL 和相关编程系统。

❏ 数据结构、算法和离散数学等课程的知识。

致谢

感谢在我们的课程中对讲义给予评论的学生。感谢在本书撰写过程中，鼓励我们的家人、朋友和同事。感谢研究人员和开发人员，通过他们的工作我们获得了知识。最后，我们必须感谢伦敦 Springer Verlag 的编辑团队，特别是 Helen Desmond 以及本书的审稿人，他们将本书内容有序地整合在了一起。

我们衷心地希望本书能满足广大读者的需求。

Rajendra Akerkar，挪威桑恩达
Priti Srinivas Sajja，印度古吉拉特

目　　录

X

第 1 章

绪　　论

1.1　引言

数据是来自某个领域的原始观测值。原始数据是一组事实的集合，比如数字、单词、测量值，或者事物的文本说明。单词"数据"（data）来自于拉丁文"datum"，其含义为给定的事物。数据是无处不在的，亦是事物测量仪器化的重要单位。所有的实体直接或间接地与事务相关，如商业中的客户、商业业务的组成部分，以及处理业务的外部实体，这些实体产生了大量的数据。数据通常被看作是为了参考或分析而收集在一起的事实、统计资料和观测值。数据为推理和计算提供了基础。

数据既可以是定性的，也可以是定量的。定性数据的例子如人们描述一辆车多豪华，或者香水的味道（多么好闻的味道！）。定量数据的例子如描述一辆车有 4 个轮子。后者关于车的例子描述了可数的物品，因此其本质是离散的。另一方面，"我的体重是 150 磅"是一个连续的定量数据的例子。树的高度、比赛花费的时间以及人的身高等也是连续的定量数据的例子。

人们认为"数据"一词自 16 世纪伊始便已被定义和使用了。随着计算机技术的进步，数据一词变得越发流行。然而，数据不仅限于计算机科学和电子学领域，各个领域的应用在某种程度上使用并产生了数据。各种数据源每天都产生大量的数据。这些数据源包括每日的交易数据，由传感器产生的数据，由上网产生的并存储在服务器上的数据，由用户产生的数据以及提供给用户的数据等。换言之，数据随处可见。在这些数据源中，网络数据源是最大的。很多人将网络用作日常工作的基础设施，一种娱乐方式，或者作为信息源来满足他们对信息的渴求。可以看到，数据已经扩大并填充到任何可用的存储空间了。最可能的是，你想要拥有更多的存储空间。存储容量容易增大，但是大数据增加了对其管理的难度。如果通过适当的技术使这些数据变得有用，那么这将为问题求解和决策制定提供很大的帮助。

数据科学对不同的数据源进行系统地研究和分析，理解数据的含义，并运用数据作为工具实现有效的决策制定和问题求解。从这些数据中获取知识有助于组织机构在成本、交付和生产力方面更高效，确定新的机遇，并建立强大的品牌形象。数据科学的目的是促进与数据相关的各种流程的应用，例如数据获取、清洗噪声的数据预处理、数据表示、数据评估、数据分析，以及数据创建相关知识的运用。数据科学在新方法分享、优化地管理和分析数据方面做出了贡献。数据科学的目标是发现知识，这些知识有助于在个人、组织机构以及全球层面上进行决策。除了识别、收集、表示、评估以及利用数据来发现知识，数据科学亦促进了数据的有效运用，有助于在计算开销、质量和准确性方面进行优化。可以想到，数据科学领域最终出现的机会便是大数据——通过分析由网络日志、传感器系统、事务数据生成的大数据，能够产生有效的洞察力并派生新数据产品。

1.2　数据科学的历史

John W. Tukey（1948）于 1947 年提出了术语比特（Bit），他指出数据分析与其所包含的统计学应被视为经验科学（Tukey 1962）。随后，Tukey（1977）发表了题为"探索性数据分析"的工作，其强调更专注地使用数据进行假设检验。Tukey 也指出探索数据分析与验证数据分析应同时进行。

Peter Naur 是一位丹麦科学家，其于 1977 年获得了 A.M. 图灵奖。Peter Naur（1974）撰写的书中提到一份关于美国和瑞典对当代数据处理方法的调查。Naur 以形式化的方法将数据定义为事实或者想法的一种表示，并能够通过一些过程对这些数据进行通信和操作。Naur 在整本书中使用了"数据解析论"和"数据科学"两词。这本书起源于 Naur 在 1968 年国际信息处理联合会（IFIP）上对一篇论文的陈述，论文题目为"数据解析论，数据科学、数据处理及其在教育中的位置"（Naur 1968）。Naur 不仅给出了数据科学领域的定义，而且他认为数据科学是一门处理数据的科学，并与其他领域有关。很多科学家如 Peter Naur 不喜欢名为计算机科学的术语，他们将此领域看作数据解析论。

在 1989 年 8 月，Gregory Piatetsky-Shapiro 组织了关于数据库中知识发现（KDD）的研讨会，该研讨会是数据科学与知识发现领域在历史上的第一次研讨会。至此便开始了一系列的 KDD 研讨会，并在后来发展成为 KDD 会议。

在 1994 年 9 月，关于数据库营销的封面报道被刊登在《商业周刊》上[一]，其引用了由公司收集的关于顾客和产品的大量信息。按这篇报道的说法，利用这些信息成功地提升了产品销量。在 1996 年 3 月，术语"数据科学"于"数据科学、分类与相关方法"会议上第一次使用，此次会议由国际分类联合会（IFCS）举办，并在日本神户召开。

William S. Cleveland 于 2001 年也使用了术语"数据科学"。他的论文"数据科学：一种用于扩展统计学技术领域的执行方案"（Cleveland 2001）中描述了用于从技术上和统计上分析数据的执行方案，他确定了 6 个技术领域并确立了数据科学在这些领域中的角色和重要性。这一理念引发了数据科学研究的开始，由国际科学理事会率先推出数据科学与技术委员会，并且国际科学理事会于 2002 年 4 月创办了名为《The CODATA Data Science Journal》[二]

○　http://www.bloomberg.com/bw/stories/1994-09-04/database-marketing

○　https://www.jstage.jst.go.jp/browse

的杂志。之后，哥伦比亚大学于 2003 年 1 月也创办了关于数据科学的杂志，名为《 The Journal of Data Science》[⊖]。受到上述事件的启发，很多研究者和学院纷纷加入，为数据科学领域的发展做出了很大的贡献。数据科学很快成为一种运用科学技术方法对多样的数据源进行系统研究的技术。一些早期发展起来的方法作为处理和管理数据的参考，也受到了广泛注目。虽然人们于 21 世纪也提出了数据科学，但是数据处理方法早已得到了应用。

Thomas H. Davenport、Don Cohen 与 Al Jacobson 于 2005 年 5 月发表了题为"竞争能力分析"的文章[⊜]，他们强调利用统计分析与定量分析作为工具执行基于事实的决策。与考虑传统因素不同，由上述技术得到的结果被视为竞争能力的主要因素。随后《哈佛商业评论》于 2006 年 1 月刊发了这篇文章[⊜]，并且此篇文章被扩写成一本题为《竞争能力分析：获胜的新科学》的书^⑭（与 Jeanne G. Harris 合作），于 2007 年 3 月出版。

美国国家科学技术委员会^⑮于 2009 年 1 月发布了题为"数字数据的力量对科学和社会的影响"的报告。此篇报告讨论了一门新兴学科"数据科学"的重要性，并确定了数据科学领域的新角色。上述报告列出了一系列角色，例如数据馆长（负责数字数据收集），数字保管员（负责获取、认证并以可访问的方式保管数据），以及数据科学家（一些负责人，如科学家、软件工程师、领域专家和对数字数据进行管理的程序员）。

在 2009 年 5 月，Mike Driscoll 发表了题为"数据极客的三项迷人技能"的文章，Mike 确立了数据科学家的重要性并指出此类数据极客是炙手可热的人才^⑯。据 Mike 所言，一些技术如统计学地分析数据、处理数据（在使用数据前对其进行清理、分析和验证）以及可视化数据是数据科学领域中的基本技能。

2010 年，Mike Loukides 在其论文"什么是数据科学"中指出数据科学家的工作本质上是跨学科的。Mike 指出这类专家能够处理各方面的问题，从原始数据收集、数据预处理到最终做出结论[⊕]。数据科学的跨学科特性通过文氏图阐明，并且该文氏图包含了数学与统计学知识、黑客技能以及大量的专业知识^⑱。

1.3　现代商业中数据科学的重要性

尽管数据被称作新商业时代的货币，但是仅拥有数据是不够的。为了达到更好且有效地利用数据的目的，我们必须以适当的方式处理和分析数据来获取对某一特定领域的深入洞察力。特别地，当数据来自多个数据源时，这些数据不具有特定的格式，并且还伴有很多的

⊖　http://www.jds-online.com/v1-1
⊜　http://www.babsonknowledge.org/analytics.pdf
⊜　https://hbr.org/2006/01/competing-on-analytics/ar/1
⑭　http://www.amazon.com/Competing-Analytics-New-Science-Winning/dp/1422103323
⑮　https://www.nitrd.gov/About/Harnessing_Power_Web.pdf
⑯　http://medriscoll.com/post/4740157098/the-three-sexy-skills-of-data-geeks
⊕　http://radar.oreilly.com/2010/06/what-is-data-science.html
⑱　http://drewconway.com/zia/2013/3/26/the-data-science-venn-diagram

噪声,那么就必须对这些数据进行清洗、整理、分析和建模。数据科学在商业的各个方面都具有其适用性。各个业务活动都会产生大量的数据。拥有如此大量的数据应该是一种理想的状态;相反,这些数据会因其量大、无构造性和冗余性的特点而产生大量的问题。很多研究者将一些参数如容量、速度以及多样性视为处理数据的主要障碍。根据 Eric Horvitz、Tom Mitchell(2010)以及 James Manyika 等人(2011)的研究,适当地分析和使用上述大数据可以提供解决问题的机会,加速经济增长并提高生活质量。由于我们对适当地使用和理解这些数据的局限,该数据没能促进生活质量反而使我们的生活质量下降,这真是一种讽刺。很多研究者和创新贡献者给出了处理大数据的有用的模型和技术,然而我们仍需要一种全面且聚焦的方法。在 Thomas H. Davenport、Don Cohen 和 Al Jacobson(2005)给出的调查中,一些数据科学的践行公司确认了一些关键的特性和参数。这项调查包含了 32 家在不同领域成功践行数据科学的公司,这些公司基于数据科学和分析获得了竞争优势。根据上述研究,这些公司给出了以下的主要观测情况:

- 有不止一种类型的数据科学家和专家以增长业务为目的对数据进行分析,并从事与数据科学相关的工作。
- 不仅是统计数据,还有深度数据分析、建模和可视化技术也用于与业务相关的决策。
- 数据科学活动不仅限于小部分商业业务,也可应用于多种业务活动中。
- 公司策略倾向于使用数据分析和数据科学活动。

很多公司被数据科学的应用所吸引,并将其用于改进业务活动;然而他们并不了解这些数据科学活动怎样规划以及如何修正经营策略。第一个需求便是技术娴熟的数据科学家和专家,这些专业人士能够设想到可能的组织效益和技术收益。为了实现与数据科学相关的活动,预想到对资源和基础设施的需求是十分必要的。鉴别可能的数据源和访问权限以及获取数据所需要的方法也是十分必要的。专家也能够提供关于其他领域的专家、工具和模型的可用性指导,有助于进行数据处理。预先估计数据科学活动中的活动规划,领域专家能够识别将会遇到的困难。一旦选定了数据科学家或者专家,活动规划的下一步便是确认迈向目标将要面临的困难。第二步即是学习并确立数据科学技术。统计学方法、建模、程序设计、可视化、机器学习以及数据挖掘等技术对于进行数据科学活动都是必不可少的。第三步是活动导向步骤。在局部层面上移除已确定的不利因素,并给出纠正措施。应用数据科学的主要困难是数据的可用性、数据的收集以及为获取充分意义而对已获取数据进行的组织。另外,需要确定适用于数据收集的模型。因此,需要针对特定应用来设计模型或技术。第四步便是利用已收集的数据和挑选出的方案实现数据科学活动。收集的数据必须是干净的、分析过的,还要用适合的模型处理并以良好的方式呈现给用户。在这一阶段中,为了高效地实现模型可以对挑选出的方案进行较小的变动。上述活动如图 1-1 所示。

由于上述数据科学活动是一个早期版本,因此这些活动通常在局部层面上执行,或者局限于给定的场景中。如果得到的结果看起来是有希望的,并且与商业目标一致,那么便以扩展的形式在组织层面上设计类似的数据科学活动,并对其进行实验。随后,为取得竞争优势,数据科学活动是以一种综合的方式来进行的。

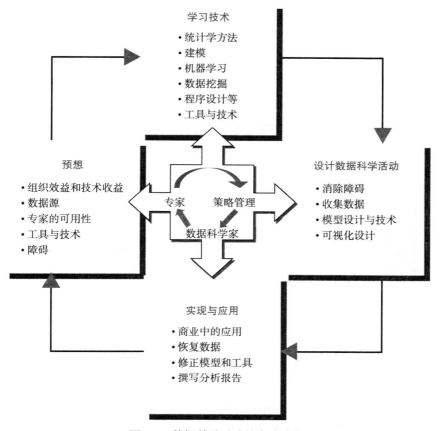

图 1-1　数据科学活动的大致阶段

1.4　数据科学家

　　数据科学家是数据获取、数据清洗、数据表示和数据分析中的关键人物。他（数据科学家）精心地策划各种各样的商业活动，协调各业务部门并管理业务的生命周期。为了进行上述工作，数据科学家必须具有多领域的知识和多方面的能力。除此之外，数据科学家还必须具备同时进行多个项目的能力。最理想的是，他应具有分析、机器学习、数据挖掘和统计数据处理等多方面能力，具备一点计算机程序设计能力也是可取的。

　　依赖于公司（organization）的性质、规模以及业务范围，数据科学家的工作将发生变化。他工作于以数据处理为主要业务的公司。在这种情况下，对数据科学家而言机器学习和统计数据处理是十分重要的技能。一些公司在某些阶段需要通过高效的基础设施处理大量数据。在此情况下，数据科学家有助于构建数据基础设施和其他资源（包括人力资源）。数据科学家期望在软件工程方面具有入门背景知识。一些公司不是数据驱动的，也不必处理和分析数据，但是这些公司拥有适量的数据。从这些数据中发现知识十分有助于公司的业务活动。多数情况是，大公司都属于这一类。在这种情况下，除了基本的技能，数据科学家应展现出数据可视化的能力。表 1-1 给出了数据科学家必备的基本技能。

换言之，数据科学家在业务分析、统计学和计算机科学领域是个多面手，精通架构健壮性、实验设计、算法复杂度、仪表数据和数据可视化等领域。数据科学家在数据科学中首屈一指，具备对内部和外部数据进行结合的权限，以给出能够提高商业决策能力的洞察力。

表 1-1   数据科学家的重要技能

技能	描述	适用范围
基本工具	基本工具包括办公软件、绘图工具、编程语言如 R[1]或 Python[2]，查询语言如结构化查询语言（SQL）	所有类型的公司和组织
基本的统计学知识	统计学模型，统计学检验、分布和估计	所有类型的公司和组织，尤其是适用于产品驱动的公司，这些公司拥有充足的数据用于决策
机器学习	如 k- 近邻，随机森林，组合方法，分类技术	主要适用于数据驱动的公司和组织，其中数据是其主要产品；机器学习技术有助于对数据进行自动分析或智能分析
微积分和线性代数	微积分和线性代数的技术是很多机器学习方法的基础。理解这些方法使得数据科学家可以以创新的方式来修改它们。通过实现这些创新的方法，一点小的改进可以导致多方面的提升	在所管理的产品、用户或业务涉及大量数据时使用
数据再加工	处理非格式化的、部分的、不完整的以及具有歧义性的数据。恰当地格式化数据，发现并预测缺失数据，以及识别歧义数据的含义有助于清洗和修复数据，以备未来使用	处理大量数据的数据驱动公司
数据可视化与沟通	有效的绘图工具、数据描述与可视化工具如 Dygraphs[3]。数据可视化是一种与非技术性用户进行交流的好方法	多适用于数据驱动的组织或公司，其中数据用于支持重大决策
软件工程	与需求收集、投资组合管理、人事及其他资源管理有关的技术，以及数据记录技术都是有帮助的	当开发产品和服务涉及大量数据处理时，这些技术有助于数据驱动的组织和公司

① http://www.r-project.org/
② https://www.python.org/
③ http://dygraphs.com/

1.5   三维数据科学活动

为了充分利用数据科学，数据科学家应当同时考虑很多因素。对于数据科学家而言，数据科学活动通常包含 3 个主要方面，分别是数据流、数据管理和数据分析。各方面都致力于某一类问题以及解决这些问题的方法。在上述 3 个方面同时进行调研和研究，以及提出用于决策制定和问题求解的整体方案都是数据科学家的责任。图 1-2 简略地给出了涉及上述 3 个方面的数据科学活动。

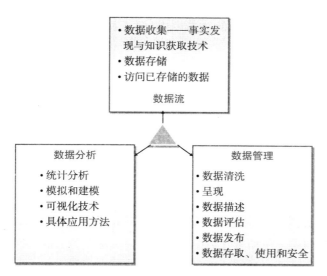

图 1-2　三维数据科学活动

1.5.1　管理数据流

　　数据科学活动的第一个维度便是管理数据流。逻辑上，管理数据流是数据科学中的第一个活动，并且以数据收集开始。利用一些实情调查方法，如采访、问卷调查、记录查阅以及观测等，人们能够找到所需的数据。随着信息和通信技术（ICT）的进步，如互联网和其他的当代设备，我们能够高效地收集数据。数据收集的时间周期和频率亦是由数据科学家为了实现高效收集而设定的参数。"何时收集数据"与"怎样收集数据"在获取有意义数据和有用数据方面发挥了重要作用。在进行数据收集之前，数据收集活动的方案必须准备好。收集活动包括列举出可能的数据源，需要收集的数据类型，数据变量，为了更好的数据表示而进行的数据编码，参与数据收集过程的人员，以及实际的数据收集。收集的数据可以是多媒体形式的，如文本信息、现有文档和记录的复印件、采访的视频／音频资料、流程图等。数据科学家亦必须处理与设备管理相关的技术和问题，如音频和图像文件的格式，以及数据收集过程中的意外损失。有时转译（将多媒体格式的文件转为文本信息）也需要数据科学家执行。处理定性数据时，数据编码十分有用。以适当形式编码的定性数据相对更容易分析。为了将来使用，以适当的方式排列数据也是十分有用的。

　　在数据流维度下，另一个活动便是数据存储。为了将来使用，必须存储所收集的数据。通常，以预先定义的存储结构来存储和组织数据，并且其应当是并行的过程。可以同时确定数据的存储结构与数据收集格式。数据类型、数据性质以及使用的频率和形式是确定数据和存储结构的关键因素。最好先确定存储结构，数据收集后立即将这些数据存储好。如果没有设计数据存储方案或没有最终定夺，那么可以用临时存储结构来存储所收集的数据。随后，数据再以合适的方式被存储。

　　以可能的原生形式存储数据，存储的数据必须是可访问的、有用的、足够透明的，并且在某种程度上数据是完备的。进一步地，根据应用的性质和业务的需求，数据科学家可以存储元数据（容易访问）和备份数据（用于备份和实验）。为了容纳大量数据，可以使用分布式方法，即将数据进行划分，并使用本地基础设施支持的格式将数据存储在不同的位置。根据其计划使用，数据可以分布在各种平台和硬件中。为了有效管理数据的容量和可访问性，数据科学家可以选择基于云的基础架构作为存储收集数据的替代平台。然而，将敏感数据存放在云上会引起安全和网络问题。存储在云上的数据访问效率还取决于带宽和其他网络基础设施。必须指出的是，在这种情况下处理数据的主要特点是数据本身规模很大。因此，选定的存储结构不能是昂贵的，这一点非常重要。由于需要大量的内存空间来容纳收集的数据，划算的存储结构是业务的首要要求。

以高效的方式**访问存储数据**是数据流管理的第三项活动。访问机制取决于所收集数据的性质和所选择的存储介质。平面文件、查询语言支持的关系数据库和基于 XML 的表示方法是较流行的数据访问机制。就结构化数据而言，上述方法十分有效。当涉及大量的非结构化数据时，传统数据访问方法的性能并不显著。为了弥补这一局限性，人们提出了放宽上述方法约束的新思路。研究人员试图放宽数据的可用性和一致性，并提出了"不仅限于结构化查询语言"（NoSQL）技术。正如其名称所表示的，该术语说明数据库不仅限于使用结构化查询语言（SQL）来访问数据。这种想法是对全功能数据库的限制和简化。在这里，数据科学家发挥着重要作用。他们能够确定传统数据库约束应怎样放宽，原始数据应水平划分还是垂直划分，访问模式是什么，以及如何管理工作流程。数据科学家亦负责记录性能和数据的操作特性。图 1-3 显示了管理数据流的主要技术。

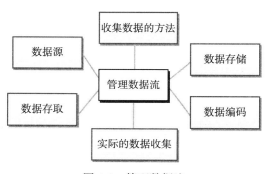

图 1-3　管理数据流

除了收集、存储和访问数据外，数据移动性亦需要达到一定水平。随着数据量、速度以及非机构化的增长，给定网络上的数据移动性下降了。提高网络的容量（例如每秒 100 千兆比特甚至更多）并不总是切实可行。很多时候，为了降低数据移动的代价，在数据源处便处理这些数据是十分必要的。有时候，这种方法会导致很多的数据错误和数据丢失。在数据真正移动之前，数据科学家可以考虑数据处理和数据压缩技术。

1.5.2　处理数据管理

数据管理活动以复杂的方式操控所收集的数据。管理（curation）一词亦用于人文和博物馆领域；在这两个领域中，信息和文章被保存并用于信息记载和展览。很明显，数据一旦被收集，这些数据就不能以其原始的形式被使用。收集的原始数据必须进行噪声清洗，也有必要检查数据是否完整或者是否有部分丢失。如果数据不完整或有部分丢失，则必须确定缺失的数据是否可以被忽略，以及是否有必要搜寻缺失的数据。人们可以重新收集数据或者通过一些智能技术运用假想的（虚拟的）数据来填充所缺失的数据。如果数据不精确，那么在进一步分析之前，应先对数据进行转换。通常，数据以本地形式存储。因此，将数据转换为一致接受的（如果可能，转化为电子）形式是十分必要的。如果这种形式是机器可读的并且将来可以被人和机器重新使用，则会更好。从数据收集、数据的复杂存储和数据使用直到数据变得过时并进入垃圾箱，这实际上是一种连续的方法。在数据管理下命名的主要活动包括数据概念化，创建缺失数据，清洗数据，为了高效地访问和使用数据所运用的数据表示，数据描述，评估应用程序数据，数据保存和安全性，数据重用，文档记录和数据处理。其中，数据保存、数据表示和描述、数据发布以及数据安全是主要活动。

数据保存取决于数据的存储方式。多数时候，从旧文档（如石刻、旧报纸、布以及刻有数据的叶子）中收集数据时，数据通常已丢失或者已损坏。管理者致力于从这些物品中尽可能地收集完整和充分的数据。数据以各种格式和介质来保存。每种保存介质都有其自身的优点和缺点。例如数字保存介质能够更有效地保存数据，但需要先将数据数字化。即使数据存储在诸如硬盘等的辅助存储器中，这些存储介质亦具有时间限制。典型的硬盘驱动器可以安全地存储数据 3～6 年。闪存驱动器能够安全地保存数据达 80～90 年。闪存驱动器安全保存数据的时间长达一个世纪，这是由于闪存不使用磁场来存储数据，这使得闪存是防磁的，因此用闪存保存数据可以更安全和更持久。数据类型、数据量、使用频率、存储介质成本和数据源性质是选择数据保存方法的重要参数。根据要求，数据也可以在保存之前进行压缩和加密。与数据源中的原生数据相比，压缩和加密使得收集到的数据更小或更大。

数据表示和描述活动有助于"老练地"处理数据。数据的本质不能传达任何意义。数据必须经过处理才能获取一些含义。因此，数据必须伴随着可以解释它的元素。数据描述定义了数据的用途和含义。提供关于数据的描述尤其有助于理解这些数据。数据结构、模式、主变量、别名、元数据以及与数据相关的有用内容（例如用于描述数据的标准）是用于数据描述的主要部件。有了这些部件，人们很容易找到数据的目的、含义和用途。对于一些新一代的应用程序（例如基于 Web 的应用程序），还需要考虑数据本体。如果数据描述得当，更好地利用数据的机会就会增加。

数据发布活动有助于向目标受众提供可用数据。在数据发布前，为了有效使用数据，收集到的数据必须进行数据清洗、格式化和数据描述。对于以适当格式存储在数字媒体中的数据而言，数据发布的速度更快且成本更低。数据的自动使用以及数据传输亦变得高效。从这样的数据源进行搜索也更容易。如果数据以数字媒体以外的形式可用，则可以使用自动扫描仪和程序将其内容转换为数字媒体。另一方面，如果不采取适当的安全措施，这样做将增加滥用数据的可能性。因此，必须保护敏感数据的隐私。

数字化数据可以使用很多格式，这些格式包括影印本、视频文件、音频文件或者仅仅是一条要发布的数据条目。另一个存储数据的重要方法是使用一些链接。在某些阶段，这种相互链接的数据对于隐藏不必要的信息十分有用，并且为数据的语义查询提供了平台。数据的数字化可以通过手动或自动完成，比如采用"抬头"技术。在这种技术中，对具有高质量图像（最好是光栅格式）的数据进行投射，以便用户更好地观察。用户通过他们的"抬头看"来查看这些图像并将其数字化。有时，可以借助技术来自动地读取图像。图 1-4 说明了数据管理的主要技术。

图 1-4　数据管理

数据安全活动专注于确保数据安全，避免意外丢失或操作。这类活动对于大多数企业十分重要，尤其当这些数据是业务的核心数据并且为便于同时访问而集中式存储时。敏感数据，如客户数据、支付相关记录、商业政策信息和个人信息等，必须保护，以免使用不当。如果这些数据丢失，那么损失相对较小；然而，如果这些数据落入恶人之手，那么将造成更大的问题。因此，确定这些数据的风险和威胁因素是十分必要的。一些风险如下：

- 物理威胁——如基础设施损坏、火灾、洪水、地震和盗窃。
- 人为错误——数据被人误解或误用；在修改结构时，数据被意外删除并丢失；输入或处理错误。将数据转换为数字格式时，可能丢失或损坏数据。
- 有计划地通过恶意活动利用数据。

数据通常可供收集者、数据馆长、管理员和高级用户为各种目的而使用。对于上述的任何使用者，数据都容易受到攻击。数据科学家有责任采用合适的方法来确保数据的安全，并在需要时向用户提供这些数据。许多保护数据的方法都是可用的。一些流行的保护数字化数据的方法如下：

- 通过报警和监控系统保护数据和系统。
- 使用防火墙技术并保持防恶意软件系统处于最新状态。
- 借助入侵检测技术监测黑客攻击，并相应地修改反恶意软件系统。
- 检查操作系统的状态。操作系统必须以高效的内存管理和资源分配方式准确无误地处理数据。
- 审核系统和智能加密机制。
- 防止盗窃和物理损害的基础设施安全系统和警报系统。

安全措施还取决于数据的性质、大小、复杂性以及用于存储数据的存储介质。例如，如果考虑移动应用程序，那么还应该在移动设备上实施安全措施。进一步，必须定期备份数据。虽然有多种方法可以使数据更安全，但仍需更多的努力来开发专用于数据安全的新方法。

安全且管理良好的数据可以通过转换生成好的、可靠的新数据。如果数据管理适当，则会为收集的数据增加很大的价值。

1.5.3　数据分析

在成功地获取和预处理数据之后，为了找到有意义的信息和模式，必须对数据进行分析。数据分析程序将数据转化为有意义的摘要、报告、模式和可以为企业决策提供有用信息的可视化的数据分析结果。这些分析结果能够在业务流程中产生新的想法和机制。正确利用数据的分析技术有助于描述、预测并改善企业绩效。当业务数据规模很大且非结构化时，分析技术是最合适的。为了揭露数据中隐藏的模式，通常使用的分析技术如下：模拟和建模、统计分析、机器学习方法和可视化分析方法。所使用的分析方法可以是被动或主动的。在被动方法中，一旦数据可用，选定的分析方法将根据数据提供报告和洞察力。在主动方法中，首先调用数据分析方法，并使用潜在的资源列表不断地搜索合适的数据。在主动的分析方式中，仅提取那些有分析潜力的数据。

基于统计分析的数据分析方法侧重于在已收集的数据上应用统计模型。流行的方法有预测模型和矩阵估值分析。一些模型在标准大小的数据集上非常有效；但是对于大规模数据集，典型模型并不好用。一些特殊模型，如主成分分析、压缩采样、聚类等，需要在数据科学领域中进一步研究并发展。

一些典型的模拟和建模技术也将被重新创建。传统的理论和建模方法使用预定义的概念，如边界、目标、实体、属性、状态和约束。对小规模数据集而言，许多模拟和建模技术是可行的，但对于大规模数据，这些技术并不是非常有用。由于数据资源通常是无组织的，典型的模型方法很难为其提供有效的解决方案。对于任何建模和模拟实践，都需要好的数据集合。有很多满足要求的可用数据。对研究人员和开发人员而言，开发专门针对大规模和非结构化数据的新模型和模拟方法是一项挑战。

为了便于理解和沟通，**可视化模型和技术**有助于以可视化的方式呈现数据（或对数据的解释）。当数据规模庞大且形式多样时，数据可视化是一项挑战。应当使用专门的可视化分析（VA）工具对大规模的异构数据进行可视化分析。

Web、移动、传感器和网络领域的数据分析研究也正在悄然兴起，分别称为 Web 分析、移动分析、传感器分析和网络分析。上述都是数据分析和文本分析的子领域。在这些领域中，为数据分析开发的技术只需稍作修改即可使用。图 1-5 显示了数据分析的主要技术。

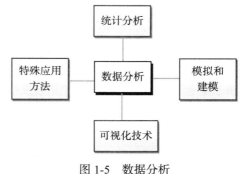

图 1-5　数据分析

1.6　数据科学与其他领域交叉

首先映入脑海的领域就是信息和通信技术（ICT）。互联网和万维网（Web）用作共享数据的手段，其中互联网作为提供必要技术和协议的服务提供平台，万维网则是互联网平台上的内核。ICT 技术使得该平台可用于生成、共享和使用数据，也使其可以被视为有效使用数据源的方法和技术。除了国际标准化组织（ISO）的基本互联网模型之外，ICT 领域还以客户服务器和其他分布式体系结构的形式为数据通信方法，数据加密、解密和压缩技术，编程语言以及数据管道等提供支持和协议。

与数据科学密切相关的另一领域是统计学。数据是统计学领域的核心。数据和统计数据密切相关，正如硬币的两面。这就是数据经常被误解为统计数据的原因。通常，数据和统计数据二词可以互换使用。然而，数据是来自领域的原始观察数据，而统计数据是指使用明确定义的方法和模型，并根据数据生成的统计表格、图表、曲线图以及百分比。原始数据是统计数据的来源。原始数据也可以用有组织的数据库文件、文本文件或任何机器可读文件的形式呈现。如果这种数字化数据可用，那么可以使用统计软件从原始数据生成统计数据。统计学领域涉及组织数据、建模数据以及应用诸如多变量检验、验证、随机过程、抽样、非模型置信区间等技术。

机器学习被认为是计算机科学的一个组成部分，也是与 ICT 相关的一个领域。机器学习是一种数据分析技术，可以使构建分析模型变得机械化。机器学习算法从数据中迭代学习，可让计算机发现隐藏的洞察力，而不需要明确地编程说明在哪里寻找。搜索网络、放置广告、股票交易、信用评分和其他几个应用领域经常使用机器学习技术。

数据挖掘与机器学习和数据科学密切相关。数据挖掘为从大规模数据集中提取有意义的数据和模式提供了算法和模型。一些典型的技术包括模式识别、分类、分区、聚类以及一些统计模型。换言之，数据挖掘也与统计学有一些交叉。随着普通数据的扩展，多媒体数据也可编辑，数据挖掘亦扩展到多媒体数据挖掘。

图像和视频的挖掘技术较成熟，现如今的研究致力于以语义的方式从这些类型的数据中获取知识。显然，找到不使用数据挖掘的场景变得越发困难了。

运筹学研究也使用数据，它将数据纳入合适的模型，提供成本效益分析并用以支持决策。运筹学研究的主要目的是应用合适的模型来支持决策过程。运筹学研究通过使用线性规划、马尔可夫链模型、蒙特卡洛模拟、排队和图论等模型，为库存管理、供应链、定价和运输等商业活动提供帮助。

商业智能也是一个与数据科学相关的领域。但是，商业智能的主要目标是管理信息以实现更好的商业活动。商业智能领域涉及的技术和模型可生成有用的信息，这些信息用于分析、报告、绩效管理、决策优化以及信息传递。

人工智能强调创造出像人类一样工作和反应的智能机器，例如：监控系统、自动驾驶汽车、智能相机、机器人制造、机器翻译、互联网搜索和产品推荐。当今人工智能通常包括经过大量数据训练的自学习系统和执行分布式推理和计算的交互式智能体。人工智能在其他各领域中无处不在，并且可以在任何领域中做出贡献。人工智能具有从大量数据中学习的能力，以及除经典的智能模型和算法之外的模拟生物启发行为的能力。这使得人工智能普遍适用于典型模型失败的情况。

除了上述领域外，数据科学专家还需要精通诸如沟通、创业学以及艺术与设计等其他领域（以视觉方式呈现数据）。图 1-6 显示了其他领域与数据科学的关系。

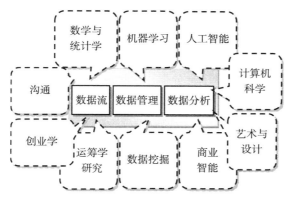

图 1-6　其他领域与数据科学的关系

1.7　数据分析思维

数据科学最重要的一个方面就是保持数据分析思维。数据分析思维的技能对数据科学家和整个组织机构都至关重要。例如，如果对基本原理有所了解，那么管理人员和其他功能领域的一线员工能从公司的数据科学资源中获得最好的结果。没有重要数据科学资源的组织管理人员仍需了解基本原则，以便在知情的基础上咨询顾问。为了评估投资机会，数据科学领域的风险投资家也需要了解基本原则。了解关键概念并具有数据分析思维的框架，不仅可以让人们熟练地进行交互，还可以帮助预测数据驱动型决策的前景，或者预测数据导向的竞争风险。

如今，公司使用数据分析并将其作为竞争优势。因此，所有公司都将形成新的业务职能：数据分析团队。该团队的主要目标是帮助领导者从数据的角度来看待业务问题，并将数据分析思想贯穿整个决策制定过程。

1.8　应用领域

很多领域使用数据。政府和行政部门、制造业、服务业、私营部门以及与研发有关的领域是产生和使用大量数据的典型领域。在下面的小节中，我们将讨论一些实例。

1.8.1　资源的可持续发展

通过卫星、网络以及其他媒体共享的方式，政府办公室、行政单位、非营利组织、非政府组织以及公共资源可以获得大量有关可持续发展的数据。其中包括基础设施、自然资源、牲畜和农业活动、人口以及气候等方面的数据。全面了解这些数据为更好地开发区域提供了新的理念和方法。为了最优地使用资源，从不同的角度分析这些多维数据是非常关键的。理想情况下，运输设施、灌溉、农作物营销、传统电力生产、太阳能、可再生能源，以及医院、学校和其他行政机构的管理应该联系在一起。鉴于数据量、数据多样性和不同的数据格式，同时使用并管理这些数据是一项挑战。协调各部门实现多源数据的收集、分析、联系，并为开发建立模型,这将是一项非常艰巨的任务。实际上,仅用一种方案完成这样的任务可以说非常有野心,也是几乎不可能的。但是,这个目标可以分成许多子项目,并且借助数据科学活动可以以阶段的形式实现这些子项目。例如,我们可以从可持续水资源管理开始。除了来自政府机构的现有真实数据外,还可以从传感器、卫星、远程服务器和网络获取数据。可以从这些数据中推导出有意义的信息、模式和模型,并且可以通过数据可视化呈现。通过提供存储在模式中的隐藏知识,这些数据对水文学家、工程师和规划人员非常有用。一旦目标达成,可以根据项目产出设计可再生能源或灌溉的模型。一旦所有这些阶段都成功地设计并完成,就可以计划一个综合解决方案。由于问题本性、不确定性以及不断变化的气候改变了用户的需求和政府的管理政策,故而很难在这样的项目中取得 100% 的成功,但是在数据科学的帮助下总可以找到有效的解决方案。

1.8.2   利用社交平台进行各种活动

我们中的许多人使用社交媒体平台与其他专业人士、朋友和同事保持联系。年轻人尤其依赖社交媒体平台上的信息及其反馈。社交媒体平台上有许多可用的专业数据、个人数据以及不存在任何目的的活动信息轨迹。这些数据可用于推广真正的产品,提高对选定系统或服务的认识,并以特殊的方式促进学习。利用已经建立的社交媒体,可以促进医疗保健、教育、市场营销、就业、安全威胁识别和社会认知。其挑战是,大部分数据都是个人的,应具有适当的权限才能访问这些平台生成的数据。此外,这些数据是完全非结构化的,冗余并且缺乏标准格式。除了这些困难之外,这些数据充满了错误和情感。即使满足了访问这些数据的挑战,另一个巨大挑战就是从这些数据中理解,并建立一个通用的基于数据的模型用以促进预期的任务。一旦解决了这两个挑战,这些数据就可以用于许多应用,包括促进政府计划,获得产品、服务和员工的反馈(评估和推广),在这些平台上建立电子学习、移动学习和个性化学习项目,生产新的发展思路,以及故障排除和在线帮助。

1.8.3   智能 Web 应用

网络(Web)是全球范围内由许多活动产生的、不断增长的数据库。早期,网络上的操作受到限制。网络被认为是"只读"类型的资源。逐渐地,Web 发展成为一个"读写"平台。今天,人们可以在 Web 上上传、下载,并且执行用户自定义的内容和程序。Web 已演变成一种"读—写—执行"平台。需要有效的搜索引擎,它可以根据用户的上下文进行有效搜索,管理本地语言,节省时间,并且根据最初搜索目标提供定制结果。例如,在搜索时,我们经常跳到其他网站并失去起初的搜索目标。此外,用户可以键入"桌子和椅子",意思是"主要搜索桌子,但也可以搜索椅子"。在搜索中,布尔运算符赋予两个关键字标准权重(在 AND 运算符的情况下,赋予相同的权重),这不太适用于用户的查询。实际上,在这种情况下,用户需要更多的桌子搜索结果和更少的椅子搜索结果。这样的模糊模型也可以用于搜索大型数据库,如 Web(Sajja 和 Akerkar 2012)。Web 的规模、复杂性、非结构化和不断变化的性质为用户和 Web 应用提供了很大的挑战。在这里,数据科学亦有助于数据获取、数据分析以及数据可视化，以便更好地理解和解决问题。这样做，Web 可以最大限度地利用现有的大量数据进行决策。

1.8.4　Google 自动统计员项目

即使有大量的数据可用，但鉴于上述困难，很难在解决问题时使用这些数据。Google 认为从如此庞大的数据中获取有意义的信息十分困难。据 Google 称[⊖]，解释这些数据需要高度的智能。在这种情况下，期望机器来收集、分析、建模和使用万维网等资源中的数据被认为是非常有野心的。为了实现这个目标，Google 启动了一个名为自动统计员的项目。该项目的目标是遍历所有可用的数据资源，识别有用的数据，并应用适当的统计方法来发现对数据的正确理解，以便用母语编写详细的报告。在项目的早期阶段，开发人员实现了一些示例分析并在网站上提供使用[⊖]。该项目在提供的数据集上使用各种算法，并生成具有必要图表的详细报告。例如，航空公司向这个项目提供具有非固定周期的数据。该项目使用自动贝叶斯协方差发现（ABCD）算法，并生成了一份包含执行摘要的详细报告，从数据中识别了四个附加成分，并用必要的表格和图表详细地讨论这些分析结果。另一些例子是根据太阳辐照度相关数据、硫酸生产数据以及失业相关数据分析而得到的解释。这些示例中的数据亦采用上述 ABCD 算法进行分析。

1.9　应用计算智能管理数据科学活动

大多数与数据科学相关的活动必须以多种方式管理大量数据。这些数据具有一些共同的特征，使得处理这些数据非常困难。一些特征如下所述。

- **数据规模**：任何活动都会以某种数据的形式留下痕迹。特别地，当使用通信技术进行在线商业交易时，这将生成数字数据。这些数据以及关于数据（元数据）的数据是在没有任何控制的情况下生成的；相反，重要的是让更多的数据更安全。然而，仅仅生成和提供这些数据并不会对改善业务有所帮助。但是，为了将来使用这些数据，这将引起额外的数据存储和数据维护问题。此外，原生形式的数据不是很有用。在用于决策之前，必须对其进行清洗、分析和建模。上述数据的规模带来了最大的困难。应用智能技术可以有效地处理与规模相关的问题。Google 提供了一个有效处理大量数据的例子。几年前，Google 在《自然》杂志上宣布了一项重大发现。其声称，Google 的研究团队率先追踪到了流感在美国的蔓延趋势。该团队没有咨询医生，也没有进行单一的体检。这种快速预测是通过发现人们在网上搜索的内容与他们是否有流感症状之间的相关性来跟踪流感爆发的[⊜]。如此高效、及时、高成本效益的方案成为可能，正是由于 Google 具备能够处理大量数据的能力，以及其采用非传统的、新类型的假

⊖　http://www.automaticstatistician.com/

⊖　http://www.automaticstatistician.com/examples.php

⊜　http://www.ft.com/cms/s/2/21a6e7d8-b479-11e3-a09a-00144feabdc0.html#axzz3SqQt4zUS

设检验的能力。

- **数据多样性**：数据以多种类型、结构和格式呈现。所有数据都需要存储和管理。随着现代技术的进步，与文本信息相比，存储照片、视频和音频文件变得更加容易。多媒体的多样性和结构是处理数据采集、存储、分析和应用的另一个主要障碍。如前所述，数据永远不会自我解释。这些数据很难表示，并且难以处理，尤其当数据是来自多种数据源并以多种形式呈现时。

- **数据真实性（数据质量）**：数据通常包含偏差、噪声和异常。有些噪声是在数据收集阶段引入的；有些数据是在处理时加入一些噪声，例如格式化、存储和备份等。有时候，也可能以不正确的方式对正确数据进行解释和处理，导致结果不可用。无论数据规模多大，由于上述原因，数据都存在一定的数据质量问题。通过各种技术，有意识地试图清洗脏数据，将不需要的数据从有用的数据中分离是十分必要的。

- **数据有效性**：数据可能是正确的，但不适当且不适用。这并不是由于数据中引入了噪声，而是针对数据做出的任何推断都是无效的。某些实时数据在给定的时间后将无效。确定存储数据的时间以及数据集失效的时间是十分必要的。如果可以得知这些信息，那么可以将不需要的数据移动到某些并行存储模式中。

- **数据的冗余性和不一致性**：数据是无处不在的，经常由多个地点的许多并行活动同时生成。一些数据很可能以其他格式或修改后的版本被重复存储。识别数据的这种冗余是很必要的。识别这样的重复数据并将数据转换为标准统一格式，使得重复数据的比较和识别变得容易。

- **数据是部分的和模糊的**：正如我们所知，数据并未表达任何意义。未处理的数据不能提供有意义的信息。如上所述，数据本身不具有自我解释性，我们可以用很多方式来解释数据。有时候，数据在采集和通信过程中丢失。在解释和分析数据之前，必须对丢失的数据进行修复。可以从原始数据源找回丢失的数据，或创建虚拟数据来填补缺失数据。可以通过人工智能技术（如模糊逻辑）对模糊数据和部分数据进行填充和修复。图 1-7 说明了使数据处理变得困难的特征。

图 1-7　导致数据处理困难的特征

根据著名的数据金字塔，数据是生成信息的关键因素。为了产生信息，我们系统地处理了大量的数据。信息并不总是直接来自源数据。例如，公司的平均营业额不能直接获取，而必须从每年与公司营业额相关的个人数据中推断出来。合成这样的多维信息，并得知生成何种类型的知识。当这些知识变得成熟时，会产生智慧。智慧通常被定义为以最佳需求拥有和使用各种知识。智慧就是确保所拥有的知识是以这样一种方式使用，即不违反个人的目标和目的，但是促进了他们的成就。为了获取信息和模型，根据收集和处理数据的过程可以得知如何更好地学习和使用知识，这一过程将终结于智能化。这表明数据是产生智能行为的基础和重要原材料。包括 Internet 和 Web 在内的许多平台不断生成和提供这样的大数据。如果这些数据得到正确使用，则将为企业实现高效和智能的决策带来很大的帮助。这使得计算智能技术用于更好地使用数据。

1.10　商业中的数据科学场景

如前所述，正如财务、法务和信息技术（IT）部门一样，数据科学正成为企业的主要职能部门。目前，一些大数据新兴公司正在被一些大型的 IT 公司吸收，这些 IT 公司开发基于大数据的企业应用程序并说服企业界大数据将是明日之星。重要的是，企业正被数据淹没，利用这些数据挖掘市场份额的潜力是公司不能浪费的机会。

下述是商业领域中数据科学的典型场景。

1. 更高层次地理解和定位客户：大型零售商能够准确预测他们的客户何时期望生孩子。对于通信公司来说，客户流失管理已经变得很容易预测。汽车保险公司也能够得知其客户的驾驶情况。

2. 更智能的金融交易：高频交易为大数据找到了巨大的应用。用于制定交易决策的数据科学算法引发了大部分的股票交易数据算法，考虑社交媒体网络和新闻网站的数据，以在瞬间做出决断。

3. 优化业务流程：数据科学也是自省业务流程的重要方法。根据来自社交媒体、网络趋势以及天气预报的预测分析，零售业的库存优化显示出巨大的成本优势。供应链管理亦从数据分析中显著获益。地理定位和射频识别传感器可以跟踪货物或运载工具，并结合实时交通数据来优化路线。

4. 更智能的机器和设备：最近推出的 Google 自动驾驶汽车主要使用大数据工具。能源部门亦利用智能电表数据优化能源电网。大数据工具也用来提高计算机和数据仓库的性能。

以上是当前数据科学或大数据在商业领域应用的例子。数据科学还有许多其他的开放性应用，这些应用可以让企业变得更智能、更安全并且连接得更紧密。

1.11　有助于数据科学的工具和技术

在数据科学活动的不同阶段，有很多可用的支持工具和技术。本节介绍各种活动阶段使用的工具和技术，如数据获取、数据清洗、数据管理、建模、模拟和数据可视化。

诸如结构式访谈、非结构式访谈、开放式问卷调查、封闭式问卷调查、记录评论和观察等技术统称为事实调查方法。这种事实调查方法和其他数据获取方法可以采取自动化，而不必使用人工方法。使用具有专用软件的物理设备（如终端、传感器和扫描仪等）也可用于管理物理设备和系统之间的接口。随后，这些数据可以通过典型的编程语言（如 Java、Visual Basic、C++、MatLab⊖和 Lisp）来进行部分管理。也可使用开源和专用的数据采集软件，如 MIDAS（最大集成数据采集系统）⊜。通常，数据采集系统是作为一个专用的独立系统而开发的，这种系统被称为数据记录器。在有特殊需求的情况下，系统的工作模型已准备好，并且也已呈现给了数据科学家。这样的原型有助于用户在系统实际构建之前测试数据获取机制。这有助于收集用户的额外要求并测试已提出系统的可行性。这里有发现更高层次内容的知识获取和机器学习方法（例如从资源中自动地获取信息和知识），这种知识获取方法的例子如概念图、审计、神经网络和其他与自动知识发现相关的方法。在其他工具中，数据清洗工具、数据管理和建模工具以及数据可视化工具都非常重要。本节列出了不同类别中的一些主要工具。附录 A 和附录 B 给出了更全面的工具列表。

1.11.1 数据清洗工具

一旦完成数据收集，便需要检查其清洁度。数据清洗通常称为数据净化，是指从源数据中删除或更正脏数据的过程。数据声明程序的目标是识别和消除数据中的错误，为进一步分析、建模和可视化提供一致的数据。在数据项层级上，一些不正确的数据通过适当的验证被拒绝。在诸如文件和数据库的同构数据集合中，不一致程度和错误数量较少。在来自多个数据源的具有异构性质的大型数据库（如数据仓库、联邦数据库系统或全球基于 Web 的系统）中，数据清洗变得至关重要。产生这些问题的原因有：（1）不同的格式，（2）冗余数据，（3）数据使用的术语和标准不同，（4）合并数据使用的方法。删除不准确的、不完整或不合理的数据会提高数据的质量。缺失值、特殊值、范围检查、演绎修正、插值、最小值调整、错字、审计和工作流规范检查等是数据清洗的常用机制。

除了编程语言外，常用的数据清理工具如下所列。

- Lavastorm 分析⊜用于分析引擎等产品。
- IBM InfoSphere 信息服务器®分析、理解、清洗、监视、转换和传输数据。
- SAS 数据质量服务器®清洗数据，并在数据流管理服务器上执行作业和服务。
- Oracle 的主数据管理（MDM）®是处理大量数据，并且提供诸如合并、清洗、扩充和同步企业的关键业务数据对象等服务的解决方案。
- 益百利 QAS ®清洗服务为地址验证提供 CASS 认证（编码精度支持系统）。
- NetProspex ®为数据清理、追加以及正在进行的市场数据管理提供支持。在印度，它

⊖ http://in.mathworks.com/products/matlab/
⊜ https://midas.triumf.ca/MidasWiki/index.php/Main_Page
⊜ www.lavastorm.com
® http://www-03.ibm.com/software/products/en/infosphere-information-server/
® www.sas.com
® http://www.oracle.com/partners/en/most-popular-resources/059010.html
® http://www.qas.co.uk/
® http://www.netprospex.com/

现在是邓白氏信息服务公司的一部分[⊖]，其提供数据管理转换和数据质量程序。
- Equifax[⊖]为数据库管理、数据集成和数据分析提供解决方案。
- CCR Data 清理并审计数据。该公司研发了 ADAM——数据清理平台。
- Oceanosinc[⊜]公司提供的解决方案，用于数据清理、联系发现和商业智能。
- Nneolaki[⊠]提供的工具用于数据收集、清理、附加和管理。
- 数据清洗产品[⊛]为数据清洗提供方案。

1.11.2　数据管理和建模工具

数据科学实践中的其他重要活动是数据管理和数据准备，其也被称作数据整理。数据整理是将数据转换或映射为格式良好的数据流的过程，以便数据可以顺利地用于后续处理。实际上，该过程允许通过工具便利和自动地使用数据来进行进一步的活动。排序、解析、提取、分解和恢复数据是数据管理阶段的主要活动。诸如 Pearl、R、Python 等编程工具以及来自编程语言和软件包的一些现成库可用于支持数据管理活动。

一旦数据准备好进行分析，诸如线性回归、运筹学方法以及决策支持系统等技术便通常用于数据建模。在这里，数据建模的基本目标是，为了提高商业洞察力进而确定干净且有效的数据实体之间的关系。致力于这个阶段的数据科学家或专家被称为数据建模者。数据建模可以在概念层面、企业层面和物理层面完成。以下是支持数据建模的主要工具。

- CA ERwin[®]数据模拟为管理复杂数据提供了简单的可视化界面。
- Database Workbench[⊕]为使用多个数据库进行开发提供了一个单一的开发环境。
- DeZign for Databases[⊗]是一个支持数据库设计和建模的工具。它还为数据库应用程序开发提供了复杂的可视化数据建模环境。
- Enterprise Architect[®]是用于数据建模和软件工程的完全集成的图形支持工具。
- ER/Studio[⊕]为数据管理专业人员提供协作机制以构建和维护企业级数据模型和元数据存储库。
- InfoSphere 数据架构师（理性数据架构师）[⊕]是一种协作式的数据设计方案。它简化了仓库设计、维度建模以及管理任务的变更。

[⊖]　http://www.dnb.co.in/
[⊖]　http://www.equifax.co.in/
[⊜]　http://www.oceanosinc.com/
[⊠]　http://neolaki.net/
[⊛]　http://www.datacleanser.co.uk/
[®]　http://erwin.com/products/data-modeler
[⊕]　http://www.upscene.com/database_workbench/
[⊗]　http://www.datanamic.com/dezign/
[®]　http://www.sparxsystems.com/products/ea/
[⊕]　http://www.embarcadero.com/products/er-studio
[⊕]　http://www-03.ibm.com/software/products/en/ibminfodataarch/

- ModelRight[⊖]为数据库设计人员提供了诸如数据库设计、图形支持、报告和可视化界面等活动的支持。
- MySQL Workbench[⊜]为数据库架构师、开发人员和数据库管理员提供了统一的可视化工具。MySQL Workbench 还提供数据建模、SQL 开发和综合管理。
- Navicat 数据模拟器[⊜]有助于创建高质量的逻辑数据模型和物理数据模型。
- Open ModelSphere®是一款独立于平台且免费的建模工具，可用作开源软件。它为数据建模和软件开发的所有阶段提供了普遍支持。
- Oracle SQL Developer Data Modeler®是一款用于创建、浏览和编辑数据模型的免费图形工具。它支持逻辑的、关系的、物理的、多维的以及数据类型的模型。
- PowerDesigner®管理设计时间更改和元数据。
- 通过诸如 UML、业务流程模型和符号（BPMN）、系统建模语言（SysML）等的标准图以及多图表，Software Ideas Modeler[⊕]为建模提供支持。
- SQLyog®是一个强大的 MySQL 管理者和管理工具。
- Toad Data Modeler®是一个数据库设计工具，其用于设计新的结构、实体关系图和 SQL 脚本生成器。

1.11.3 数据可视化工具

数据可视化是指数据的图形表示。数据的可视化使得理解数据和沟通变得更容易。

有很多可用于数据可视化的工具，下面列出了一些常用可视化工具：

- Dygraphs[⊕]是一个快速且灵活的开源 JavaScript 图表库，其允许用户探索和解释密集的数据集。Dygraphs 是一个高度可定制的工具。
- ZingChart[⊕]是一个 JavaScript 图表库，其能为大量数据提供快速和交互式的图表。
- InstantAtlas[⊕]以有效的视觉方式提供交互式示意图和报告软件。
- Timeline®可以制作出美观的互动时间表。
- 由麻省理工学院开发的完全开源软件 Exhibit®，其有助于创建交互式的示意图和其他

⊖ http://www.modelright.com/products.asp

⊜ http://www.mysql.com/products/workbench/

⊜ http://www.navicat.com/products/navicat-data-modeler

⊗ http://www.modelsphere.org/

⊗ http://www.oracle.com/technetwork/developer-tools/datamodeler/overview/index.html

⊗ http://www.powerdesigner.de/

⊕ https://www.softwareideas.net/

⊗ https://www.webyog.com/

⊗ http://www.toad-data-modeler.com/

⊕ http://dygraphs.com/

⊕ http://www.zingchart.com/

⊕ http://www.instantatlas.com/

⊕ http://www.simile-widgets.org/timeline/

⊕ http://www.simile-widgets.org/exhibit/

基于数据的可视化。

- 对于想要使用交互式示意图的设计者和开发者来说，Modest Maps[⊖]是一个免费的图书馆。
- Leaflet[⊜]是适用于移动友好交互式示意图的现代开源 JavaScript 库。
- Visual.ly[⊜]有助于创建视觉表征。
- Visualize Free®构建交互式可视化，用来说明简单图表不易表示的数据。
- IBM®研发的"多眼"可以帮助用户从数据集创建可视化并启用数据分析。
- D3.js®是一个 JavaScript 库，D3.js 从多个数据源使用 HTML、SVG 和 CSS 来生成图形和图表。
- Google Charts[⊕]提供一种机制来以多种交互式图表（如线形图、复杂的分层树形图等）的形式对数据进行可视化。
- Crossfilter®是一个 JavaScript 库，其用于探索浏览器中的大规模多变量数据集。此外，Crossfilter 还提供可协调的 3D 可视化。
- Polymaps®在地图上提供了快速且多缩放的数据集演示。
- 根据开发者所说，Gephi[⊕]是一款适用于各种网络、复杂系统、动态和分层图形的交互式的可视化探索平台。它支持探索性数据分析、链接分析、社交网络分析以及生物网络分析。该工具为已识别的类似数据集呈现彩色区域。

除了上述工具和技术之外，数据科学领域还需要其他更多的专用新工具。由于数据科学领域是来自多个学科的技术联合，并且具有无处不在的应用，因此数据科学在研究和开发中必须被赋予最重要的地位。此外，数据科学领域还需要文档编制、新的技术和模型。正如本章所述，典型的模型和技术可能不适合已获取的数据集，这些数据需要典型方法外的支持。在这里，人工智能技术可能会有很大的贡献。

1.12　练习

1. 解释数据科学与商业智能之间的差异。
2. 举例说明商业中的数据分析实践。有多少家企业通过利用计算智能工具和技术在市场上取得竞争优势？

⊖ http://modestmaps.com/
⊜ http://leafletjs.com/
⊜ http://create.visual.ly/
⊕ http://visualizefree.com/index.jsp
⑤ http://www-969.ibm.com/software/analytics/manyeyes/
⑥ http://d3js.org/
⊕ https://developers.google.com/chart/interactive/docs/
⑧ http://square.github.io/crossfilter/
⑨ http://polymaps.org/
⊕ https://gephi.github.io/

3. 准备一个案例研究，并说明计算智能方法在所选择的行业领域的应用。

4. 用一个例子来阐明你对术语"数据驱动的决策制定"的理解。

5. 列出尽可能多的领域，其目的是研究某种智能行为。对于每个领域，智能行为体现在何处？这些领域用何种工具研究？请说明什么定义了智能行为。

参考文献

Cleveland, W. (2001). Data science: An action plan for expanding the technical areas of the field of statistics. *International Statistical Review, 69*(1), 21–26.

Davenport, T., Cohen, D., & Jacobson, A. (2005, May). *Competing on analytics.* Retrieved March 4, 2015, from www.babsonknowledge.org/analytics.pdf

Horvitz, E., & Mitchell, T. (2010). *From data to knowledge to action: A global enabler for the 21st century.* A computing community consortium white paper.

KDD. (1989, August 20). Retrieved March 4, 2015, from http://www.kdnuggets.com/meetings/kdd89/index.html

Manyika, J., Chui, M., Brad, B., Bughin, J., Dobbs, R., Roxburgh, C. et al. (2011, May). *Big data: The next frontier for innovation, competition, and productivity.* Retrieved March 4, 2015, from http://www.mckinsey.com/insights/business_technology/big_data_the_next_frontier_for_innovation

Naur, P. (1968). *Datalogy, the science of data and data processes and its place in education* (pp. 1383–1387). Edinburgh: IFIP Congress.

Naur, P. (1974). *Concise survey of computer methods.* Lund: Studentlitteratur.

Sajja, P. S., & Akerkar, R. A. (2012). *Intelligent technologies for web applications.* Boca Raton: CRC Press.

Tukey, J. (1948). A mathematical theory of communications. *The Bell System Technical Journal, 27,* 379–423.

Tukey, J. (1962). The future of data analysis. *Annals of Mathematical Statistics, 33,* 1–67.

Tukey, J. (1977). *Exploratory data analysis.* Reading: Pearson.

第 2 章

数 据 分 析

2.1 引言

在这个数字时代，数据正在以前所未有的速度增长。有很多可用的数据源，如历史客户信息、顾客在线点击流、通道数据、信用卡使用情况、客户关系管理（CRM）数据以及大量的社交媒体数据。现如今，基本挑战在于管理数据源、数据类型和数据增长速度的复杂性。显然，数据密集型计算正在进入全球，这种计算致力于提供处理大规模数据问题所需的工具。最近的大数据革命并不是关于数据的大量增长，而是关于使数据更有意义的实际处理数据的能力。为了构建能够实现有利数据目标的能力，企业需要了解数据生命周期和不同阶段的挑战。

如今，关于数据的争议仍是技术方面的。但是，建立管理数据分析的基本基础所需要的不仅仅是技术。这种基础不涉及现有的结构、仓库和分析技术。相反，这种基础需要建立在数据质量、主数据管理和数据保护框架等现有功能之上。数据管理需要从优先考虑业务需求并采取切实行动的业务角度来看。

数据基本上分为四类：结构化、半结构化、准结构化和非结构化。

结构化数据是以预设格式提供的数据，例如基于行和列的数据库。这种数据很容易导入、存储和分析。此类数据大多是实际的、事务性的。

非结构化数据形式自由，并不拘泥于传统格式。这类数据是异构的、可变的，并且以多种格式出现，如文本、文档、图像、视频等。非结构化数据的增长速度非常快。然而，从商业利益的角度来看，真正的价值和洞察力存在于这些庞大的、难以控制和通道化的非结构化数据中。

半结构化数据位于结构化和非结构化类型之间。半结构化数据没有以复杂的方式组织起来，这使得访问和分析成为可能。但是，这类数据可能伴有与之相关的信息，如有助于数据处理的元数据标记。

准结构化数据是具有不一致数据格式的文本数据。

企业挖掘、分析文本和文档中大量信息的能力受到了限制。传统的数据环境被设计用于维护和处理结构化数据——数字和变量，而不是文本和图片。现在，越来越多的企业致力于整合非结构化数据，用于客户情绪分析、监管文件分析，乃至保险索赔判断等各个方面。为了结合定量指标与定性内容，整合非结构化数据的能力正在拓宽老式的数据分析。

数据始终有其来源。正如数据规模大一样，数据也有不同的来源。这些数据源每天可以产生高达 100 万太字节的原始数据。这种数据的规模和数据散布不是很有用，除非这些数据根据若干标准进行过滤和压缩。在这方面最重要的挑战便是定义过滤器的标准，以免错过任何有价值的信息。例如，我们可以通过客户在主要社交媒体渠道上分享的信息来获取其偏好数据。但是，应该如何挖掘非社交媒体用户？他们也可能是一个有价值的客户群。

数据简化是一门科学，需要大量的研究来建立一个智能程序，以便将原始数据降至容易处理的规模，而不会错过任何详细的相关信息。当数据为实时数据时，先存储数据再将其简化通常代价较高且较困难。构建一个强大的数据仓库平台的重要部分是整合各种数据源的数据，以便创建一个良好的主数据存储库，为在整个组织内提供一致的信息带来帮助。

即使在过滤之后收集的数据也不适合立即进行数据分析。这些数据具有多种内容模式以及多种数据源的不同文件格式，如文本、图片、视频等。这需要一个完善的数据提取策略，以便将来自不同企业信息库的数据进行整合并将其转换为可计算且可读的格式。

一旦建立了创建数据仓库的适宜机制，就可以开始十分复杂的数据分析过程。数据分析是最关键的方面之一，并且数据驱动行业还有发展空间。数据分析不仅仅是查找、识别、理解和呈现数据。行业需要完全自动化的大规模分析，这需要以清晰和计算机智能的格式处理不同的数据结构和语义。

在该方向上的技术进步正在使非结构化数据的分析成为可能并且具有成本效益。使用易扩展的架构、处理框架以及非关系型并行关系数据库的分布式计算资源网格正在重新定义数据管理和使用。在大数据时代，数据库正向非关系型转移，以满足非结构化数据的复杂性。NoSQL 数据库解决方案能够在没有固定表模式的情况下工作，避免连接操作，并能够水平扩展。

数据分析成功的最重要方面是以界面友好、可重复使用且易于理解的格式显示分析结果。数据的复杂性也增加了对其呈现的复杂性。在某些情况下，简单的表格表示可能不足以表示数据，还需要进一步的解释、历史发生率等。此外，来自分析工具的数据的预测或统计分析也可以支持决策制定。

最后，整个数据分析的顶峰是数据解释或数据可视化。数据可视化是商业智能的关键组成部分。行业转向的重要方面便是交互式数据可视化。从静态图表和电子表格到使用移动设备进行实时数据交互，数据解释的未来变得更加灵活，并且其响应也更加快速。

在本章中，我们将逐步从数据到数据分析的视角描述不同的生命周期，并探索与其相关的各方面内容。

2.2　跨行业标准过程

跨行业数据挖掘标准过程（CRISP-DM）为结构分析问题提供了建设性意见（Shearer

2000）。传统上，CRISP-DM 模型定义了数据挖掘生命周期中的六个步骤，如图 2-1 所示。数据科学在某些方面与数据挖掘相似，因此，这些步骤有一些相似之处。

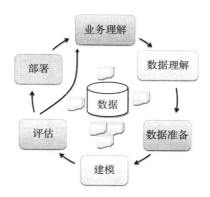

图 2-1　跨行业标准过程

CRISP 模型的步骤如下：

1. 业务理解——这个初始阶段致力于从业务角度理解项目目标和需求，然后将这些知识转化为数据挖掘问题定义和旨在实现目标的初步计划。

2. 数据理解——数据理解阶段始于最初的数据收集，继而开展活动，以便熟悉数据、识别数据质量问题、发现对数据的首次洞察力或检测有趣的子集来形成关于隐藏信息的假设。

3. 数据准备——数据准备阶段包括从最初的原始数据到构建最终数据集的所有活动。

4. 建模——在这一阶段，选择和应用各种建模技术，并将它们的参数校准到最佳值。

5. 评估——在这个阶段，对所获得的模型（或多个模型）进行更全面的评估，并对构建模型所执行的步骤进行审查，以确保该模型能够正确地实现业务目标。

6. 部署——模型的创建通常不是项目的结束。即使模型的目的是增加对数据的了解，所获得的知识也需要以客户可用的方式进行组织和呈现。

CRISP-DM 十分完整并有文件记录。所有阶段都经过适当的组织、结构化和定义，使得理解或修改项目变得轻松。

2.3　数据分析生命周期

数据分析是一个更广泛的术语，其包括"数据分析"作为必要的子部分。分析说明了"分析"背后的科学。科学是理解认知的过程，在该过程中，分析师以有意义的方式理解问题并探索数据。分析还包括数据提取、转换和加载，具体的工具、技术和方法，以及如何成功地交流结果。

换言之，数据分析师通常执行数据迁移和可视化，致力于描述过去；而数据科学家通常负责操控数据和创建模型用以改善未来。分析可用于描述统计学以及数学性质的数据分析，这些数据分析可以是聚集、数据分段、评分并预测哪些情景最有可能发生。通过诸如在线分析处理（OLAP）、数据挖掘、预测和数据建模等工具，数据分析确定未来事件的可能性这一点基本上是可行的。该过程包括分析当前和历史数据模式以确定未来数据模式，而其规定功能可以分析未来的情况并为处理这些情况提供最可行的选项。分析是数据科学的核心。无论是在测试非结构化数据的初始阶段，还是为了从数据集等知识中获益而构建应用程序，在简化的数据科学中，数据分析都起着至关重要的作用。

但是，数据分析不仅仅涉及技术、硬件和数据。它需要思维上的变革。因此，对分析的支持不能仅由 IT 驱动。如果想要成功，其必须拥有企业家精神。

在近期的大数据革命中，数据分析越来越重要，预计将为企业创造客户价值和竞争优势。数据分析生命周期中的主要步骤如图 2-2 所示。

图 2-2　数据分析生命周期

1. 业务目标

分析始于业务目标或问题陈述。一旦确定了整体业务问题，该问题便转化为分析问题。

2. 设计数据需求

为了对特定问题执行数据分析，需要获取其相关域的数据集。根据领域和问题规范，可以确定数据源，并且基于问题定义可以定义这些数据集的数据属性。

3. 数据预处理

在向算法或工具提供数据之前，为了将数据转换为固定的数据格式，预处理用于执行数据操作。我们不会始终使用相同的数据源、数据属性、数据工具和算法，因为它们使用不同格式的数据。这导致了数据操作（如数据清理、数据聚集、数据扩充、数据排序和数据格式化）的执行，从而以支持的格式向数据分析过程所涉及的数据工具和算法提供数据。对于大数据，需要对数据集进行格式化并上传至 Hadoop 分布式文件系统（HDFS），继而由 Hadoop 集群中的 Mapper 类节点和 Reducer 类节点进一步使用。

4. 在数据集上执行数据分析

一旦数据满足数据分析所需的必要格式，便将执行数据分析操作。为了从数据中发现有意义的信息以便做出更好的业务决策，我们执行数据分析操作。可以通过机器学习以及智能算法概念来执行数据分析。对大数据而言，可以将这些算法转换为 MapReduce 算法，以便在 Hadoop 集群上运行这些算法，其方法是将其数据分析逻辑转换为将在 Hadoop 集群上运行的 MapReduce 作业。这些模型需要通过机器学习概念的各种评价阶段进一步评估和改进。改进或优化的算法可以提供更好的洞察力。

5. 可视化数据

数据可视化用于显示数据分析的输出。可视化是一种表示数据洞察的交互方式。数据可视化可以通过各种数据可视化软件和实用程序来完成。我们将在 2.10 节讨论可视化的更多方面。

2.4　数据科学项目生命周期

在许多企业中，数据科学是一门较新的学科。因此，数据科学家很可能缺乏足够的商业领域专业知识，需要与商业人士以及那些在理解数据方面很专业的人士合作。这有助于数据科学家共同处理 CRISM-DM 模型的第 1 步和第 2 步——业务理解和数据理解。

根据已定义的阶段结构和退出准则，数据科学项目成了工程工作流，从而能够根据预先定义的标准做出关于是否继续项目的明智决策，达到优化资源利用率并最大限度地从数据科学项目获益的目的。这也可以防止项目因追求不可行的假设和想法而退化为金钱陷阱。

Maloy Manna（Manna 2014）提出的数据科学项目生命周期是以工程为重点对 CRISP-DM 的修改，如图 2-3 所示。

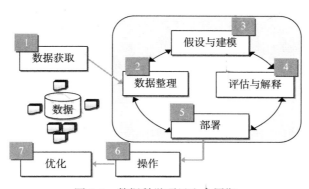

图 2-3　数据科学项目生命周期

数据获取包括从内部源和外部源获取数据，包括社交媒体或网页抓取。数据也可以由设备、实验、传感器或超级计算机模拟生成。

数据整理包括清洗数据，并将其重新整理为一种易于执行的数据科学活动的形式。该阶段涵盖了从最初的原始数据到构建最终数据集（将被输入到建模工具中的数据）的各种活动。

数据整理活动可以执行多次，而且不必以任何规定的顺序执行。任务还包括表格、记录、属性选择，以及用于建模工具的数据转换和数据清洗。

假设与建模是标准的数据挖掘步骤——但在数据科学项目中，这些方法并不仅限于统计学技术。在这个阶段，可以选择和应用各种建模技术，并将它们的参数校准到最优值。针对相同的数据挖掘问题存在几种技术，一些技术对数据的形式有特定的要求。因此，经常需要重新回到数据准备阶段。为了模型选择，需要完成一项重要的子阶段活动。该阶段包含用于训练候选模型的训练集的划分，以及用于评估模型性能、选择最佳执行模型、评估模型准确性以及防止过度拟合的验证 / 测试集。

根据需要，阶段 2 至阶段 4 可以重复多次。一旦对数据和业务的理解变得清晰，并对初始模型和假设进行了评估，就可以实现额外的微调。这些活动可能偶尔包括步骤 5，并且可能在具体部署之前在预生产环境中执行步骤 5。

模型在生产环境部署的那一刻，就到了定期维护和操作的时候了。考虑到数据驱动项目中的快速上市时间需求，这个操作阶段也可以遵循一个与持续部署模型相得益彰的目标模型。部署包含用以测量模型性能的性能测试，并且可以在模型性能低于特定阈值时触发警报。

优化阶段是数据科学项目生命周期的最后一步。这可能是由性能欠佳、需要添加新的数据源并重新训练模型、基于增强算法部署更好的模型等因素引起的。

真实世界案例 1：零售和广告洞察力

为了提供有效的移动语音和数据服务，网络运营商必须不断获取每个用户的数据。除了因计费目的而记录移动业务外，运营商还应该记录每个用户的位置，以便其可以将呼叫和数据流引导到用户手机所连接的基站。这就是每个用户在供应商网络移动时创建数字轨迹的方法。如今，数字路径的密度非常高，用户群的联合行为与特定位置或区域的特征相关联。例如，根据对人们移动方式的高分辨率分析，衡量开设新商场场所的吸引力已成为可能。此外，还可以分析事件的影响，例如通过分析交通模式的变化来评估营销活动和启动竞争对手商店的影响。当数据中包含局部地理数据和社交网络活动时，对这些数据进行性别和年龄段分组将为零售商和广告客户带来更大的价值。

2.5　数据分析的复杂性

一般来说，分析可以分为三层：描述分析，可以通过电子数据表或工业强度实现；预测分析，这是关于接下来会发生什么；规范分析，这是关于如何取得最佳结果（Akerkar 2013；Davenport 和 Harris 2010）。

大多数企业从描述分析开始——通过数据来了解过去发生的事情。描述模型通过将客户或潜在客户分组的方式对数据中的关系进行量化。描述分析准备并分析历史数据，识别样本中的模式并用以报告趋势。描述分析对数据进行分类、表征、整合和再分类。描述分析的例子如提供有关销售、客户、运营、财务信息的报告管理，以及查找各种变量之间的相关性。例如，Netflix 通过历史销售和客户数据，使用描述分析来发现用户租用的不同电影间的相关性，并改进其推荐引擎。描述分析确实能够提供对业务性能的重要洞察，并使用户能够更好地监控和管理其业务流程。此外，描述分析通常是成功应用预测或规范分析的第一步。

真实世界案例 2：医疗保健中的预测建模

传统上，在医疗保健方面，大多数数据都是围绕设施、诊所或医生而不是作为个体的患者进行组织的。一家公司建立了一个集中的数据仓库，在这个数据仓库中以患者层次聚集所有数据。他们没有在医院层面上汇总数据，而是查看不同医院的病房，所有医生的做法，以及他们为病人提供护理的其他方面。他们创建了关于病人的 360 度视图，并提供了有关病人的完整知识。他们使用这些数据来预测风险。这里需要注意的一些关键问题是：最近几个月有多少患者进入急诊室？患者是否接受过结肠镜检查，或者患者是否接受过乳房检查？这是确保填补突破口的必要条件。他们还可以通过地理数据、人口普查数据以及社区数据，来查看个人可能居住的地点以及可能存在的额外风险。如果病人是哮喘患者，他们则会考察患者是否生活在高度污染的地区，在这些地区哮喘可能会恶化。

此外，探索第三方消费者数据很有趣。这些数据如何帮助数据科学家更好地理解患者的风险，以及更多地了解患者如何互动？

预测模型是样本中个体的具体表现与个体的一个或多个已知属性之间关系的模型。该模型的目的是评估不同样本中类似个体将出现特定表现的可能性。预测分析使用数据来发现未来可能发生的事情。这是更精炼和更高层次的分析技术的用法。

预测分析预测未来的概率和趋势，并发现使用传统分析技术不易显示的数据关系。诸如数据挖掘和预测建模等技术驻留于该空间内。数据和机器学习技术的广泛应用揭示了业务绩效的解释性和预测性模型，表征了数据输入和输出 / 结果之间的继承关系。零售和电子商务首先认识到使用预测分析的好处并开始使用预测分析。事实上，任何零售商的首要目标就是了解客户。

数据是预测分析的核心，为了推动整个视图，描述性数据（属性、特性、地理或人口统计）、行为数据（订单、交易和付款历史）、交互数据（电子邮件、聊天记录和网络点击流）以及态度数据（意见、偏好、需求和愿望）相互结合。通过全面视角，可以实现更高的目标，如大幅度降低索赔成本，打击欺诈行为并最大化投资回报，将呼叫中心转变为利润中心，更快地为客户提供服务，以及有效地降低成本。

除了获取数据，访问企业内部和外部的可信社交数据，以及建模和应用预测算法之外，模型的部署对于最大化分析对实时操作的影响至关重要。

在现实世界中，网上零售商要了解其客户行为并最大化客户满意度。零售商希望制定最佳的营销策略，以向客户提供有针对性的广告、促销和产品优惠信息，进而达到激励顾客买的目的。大多数零售商发现难以消化所有可供其使用的数据、技术和分析。在客户的购买决策过程中，在做出购买决定之前所获得的洞察力很大程度地影响识别富有客户的能力。因此，针对特定产品或服务构建预测性决策将有效地提高投资回报（ROI）、转化率和客户满意度。

预测建模不应该被误认为是数据查询。不同之处在于，预测建模通常指计算机自动发现模式并进行预测，而数据查询则涉及人类交互式拉取、汇总和可视化数据以寻找可能的模式。前者通过机器获得洞察力，而后者通过人类解读数据摘要或可视化结果获得洞察力。

最后，规范分析使用数据来制定最佳行动方案，以增加取得最佳结果的机会。规范分析评估并确定新的操作方式，面向业务目标并平衡所有限制。如优化和模拟等技术都属于这个领域。例如，规范分析可以优化用户的日程安排、生产、库存和供应链设计，达到按时以最优化的方式为适合的客户交付适量的正确产品的目的。

真实世界案例 3：在线买家行为分析

数百万消费者访问电子商务网站，但只有几千名访问者可能购买产品。电子零售商希望改善客户体验，提高转化率。其目的是根据顾客的人口统计数据、历史交易模式、点击模式、不同页面上的浏览模式等来识别潜在买家。数据分析揭示了买家的购买行为，这些购买行为高度依赖于买家的活动，如点击次数、会话持续时间、以前的会话次数、购买会话次数以及每次会话的点击率。应用机器学习和预测分析方法，可以推导出每个访问者转换分数的趋势。这使得电子零售商可以在适当的时机为客户提供正确和有针对性的产品，提高转化率和客户满意度。使用这种分析方法，零售商可以根据已识别的隐藏型转化因素优化营销策略，并了解客户的购买渠道。

2.6　从数据到洞察力

企业策划方案越来越依赖有助于大公司做出数十亿美元决策的非结构化数据。例如，跟踪社交媒体数据源（例如 Twitter、Facebook、Instagram 和 Tumbler 等）为理解个人、团体和社会提供了机会。收集、整合以及分析这些数据可以帮助公司利用品牌知名度、改进产品或客户服务，并以更好的方式宣传和推销公司产品。

真实世界案例 4：用情绪分析预测公众反应

在 2012 年总统大选前，奥巴马总统政府通过情绪分析评估公众对政策公告和竞选信息的意见。

现在我们看看企业如何使用数据来个体地对待客户，并通过以下方式增强持久的关系：

1. 在客户寻求产品之前准确地预测客户需求：企业收集大量关于客户的数据，不仅包括他们购买了什么，还包括他们访问的网站、他们居住的地点、与客户服务进行沟通的时间，以及他们是否在社交媒体上与企业品牌互动。显然，这是大量的、不相关的数据，但是能够正确地挖掘这些数据的企业可以提供更个性化的客户服务。为了正确地预测未来，企业必须在正确的渠道上向合适的客户推广正确的产品。例如，很久之前，Amazon 精通于向其顾客推荐可能感兴趣的书籍、玩具或厨房用具等产品。

2. 让客户对自己的数据感到兴奋：随着如 Nike+、FuelBand 和 FitBit 等可穿戴工具的发展，客户可以访问关于自己的更多数据。食物日记平台 MyFitnessPal 不仅可以让人们了解每天消耗多少卡路里，还可以分解蛋白质、脂肪和碳水化合物。然而，仅仅向客户提供数据是不够的。企业需要过滤所有数据，并提取最相关的信息为客户提供轻松的体验。如果实施正确，那么对客户的日常生活产生影响的数据——无论是关于他们的健康状况还是他们的金钱——便都可以影响公司的投资回报。一旦人们对自己的个人数据产生兴趣，他们就更有可能继续登录或使用该产品。

3. 加强客户服务互动：当客户拥有比以往更多的渠道与品牌连接时，使用数据来增强客户关系变得十分重要。例如，一些航空公司使用语音分析从客户与员工间的实时交互过程中提取丰富的信息，以便更好地了解客户。

4. 识别客户的不适并帮助他们：一些数据驱动型企业通过挖掘（隐藏）数据来解决客户的问题，并且这些企业的确改善了客户的体验。

2.7　构建分析能力：银行案例

银行业每天都会产生大量的数据。围绕内部产品筒仓而建立的传统银行模式是以银行为中心的。这种模式导致银行不能了解其客户购买了哪些产品和服务。在这个晦涩的环境中，贷款产品筒仓在独立的基础上竭尽全力保持盈利，并且其挑战将不断增加。

为了使自己脱颖而出，一些银行越来越多地采用数据分析作为其核心战略的一部分。分析将成为这些银行策略变革的关键因素。深入了解客户的家庭动态与了解和满足个人需求同样重要。捕获正确的数据可以揭示客户的购买习惯、财务需求和生活阶段等重要信息，这些都是推动客户预期购买决策的因素。随着消费者度过不同的生活阶段，他们的财务需求不仅要根据其自身的情况而变化，还要基于整个家庭的情况。随着银行产品的日益商品化，分析可以帮助银行脱颖而出并获得竞争优势。

我们考虑银行中一个典型的销售流程周期，如图 2-4 所示。销售流程周期包括了解目标客户，确定他们是否符合银行的标准，进行电话销售，跟进以及确认关闭。而且，高级管理人员通常希望监控和跟进数据。此外，在销售过程的各个阶段，以下信息对销售人员非常有用：

- 通过从可用数据中对已购买和尚未购买的产品进行基本检查而获得的可靠客户列表。
- 根据客户的行为倾向和购买习惯，他们最有可能购买的产品清单。
- 顾客的喜好和偏好。

图 2-4 展示了银行客户的典型生命周期及其各个阶段。

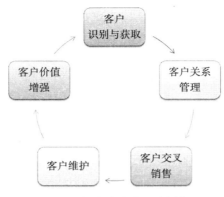

图 2-4   银行客户的生命周期

毫无疑问,为了下次购买和智能定位,预测分析提供了上述数据,以对客户最可能感兴趣的产品或服务进行分类。重要的问题是:有没有更好的方法来提供这些信息?

分析可以为高级管理层提供客户生命周期中每个阶段的宝贵洞察力。表 2-1 给出了分析在每个阶段能够提供的信息类型和洞察力。

表 2-1   分析提供的信息和洞察力

销售周期阶段	信息和洞察力	活动
客户识别与获取	活动设计,获取分析	储蓄,现金,贷款
客户关系管理	管理投资组合,满足交易条件	直销银行,网上银行
客户交叉销售	需求分析,家庭人口统计,信用记录分析,选择更多的交叉销售产品	共同基金,保险,汽车贷款,老年人账户
客户维护	流失预测,生命时间价值建模	留住客户,提供产品折扣,重组贷款
客户价值增强	行为划分,产品亲和力建模,差异化定价	住房贷款,高端结构化产品

2.8   数据质量

对于一些企业而言,数据质量是一个挑战,因为他们希望通过数据洞察力来提高效率和客户交互程度。一些企业遭受了常见的数据错误。最常见的数据错误是数据不完整或丢失、信息过时和数据不准确。由于这些错误的普遍性,多数公司怀疑他们的联系数据在某些方面可能不准确。

数据质量是一个相对术语。对任何企业而言,全面地管理数据质量都是一个巨大的挑战。由于人们在定义和验证数据时对数据质量有不同的表示,因此数据质量变得更难以管理。广泛存在三种类型的数据质量:

1. 数据有效性:数据是否完成了它应该做的事情?
2. 数据的完整性或准确性:数据是否足够好,可以用于业务?
3. 数据一致性:数据是否始终保持一致?

一旦企业清楚数据流，不同系统的需求和期望是什么，并且清晰地理解数据，那么这些企业能够定义有效的测试策略。企业正在努力构建大数据所需的基础设施，储备专业知识和技能，以利用大数据来积极地影响企业业务。非结构化数据、复杂的业务规则、复杂的实施算法、合规性以及缺乏标准的大数据验证方法给独立测试团队带来了巨大压力，使其难以为大规模数据测试做好准备。显然，需要为大数据验证框架定义数据有效性、数据完整性和数据一致性，以便实现目标并验证数据的可靠性、准确性，以及数据是否有意义。

实际上，数据质量是任何数据驱动工作的基础。随着数据的不断普及，组织机构需要优先考虑数据质量，以确保这些举措的成功。

2.9 数据准备过程

在下一章，我们将研究各种机器学习算法。为算法提供所要解决问题的正确数据非常重要。虽然有很好的数据，但需要确保其具备可用的规模和格式，并且包括所有重要的特征。为机器学习算法准备数据的过程可以分三步：

1. 选择数据

此步骤涉及在所有可用数据的子集中选择相关的数据。人们总是强烈地希望包含所有可用的数据，"多多益善"似乎是正确的。然而，这可能不是真的。人们得考虑实际需要哪些数据来解决正在研究的问题。对所需数据做一些假设，并小心记录这些假设，以便将来在需要时进行测试。

2. 预处理数据

一旦选择了数据，接下来需要考虑如何使用它们。这个预处理步骤是将选定的数据转换为可以使用的格式。

由于数据源种类繁多，所收集的数据集在噪声、冗余性和一致性方面各有不同，存储无意义的数据无疑是一种浪费。另外，一些分析方法对数据质量有严格的要求。因此，为了实现有效的数据分析，我们将在很多情况下对数据进行预处理，以达到整合不同来源数据的目的，这不仅可以降低存储费用，还可以提高分析的准确性。一些值得考虑的关系型数据预处理技术如下所示。

数据集成：这是尖端商务信息学的基础，它涉及将不同来源的数据进行组合，并为用户提供统一的数据视图。这是传统数据库中一个成熟的研究领域。历史上，广泛认可两种方法：数据仓库和数据联合。数据仓库包括被称为 ETL（提取、转换和加载）的过程。提取包括连接源系统，选择、收集、分析和处理必要的数据。转换是执行一系列规则，将提取的数据转换为标准格式。加载意味着将提取和转换后的数据导入目标存储设备中。加载是三个过程中最复杂的，包括转换、复制、清洗、标准化、筛选和数据组织等操作。可以构建虚拟数据库，对来自不同数据源的数据进行查询和汇总，但是虚拟数据库不包含数据。相反，虚拟数据库包含与实际数据及其位置相关的信息或元数据。这两种"存储–读取"方法不能满足数据流、搜索程序和应用程序的高性能要求。与查询相比，这些方法中的数据更具动态性，并且必须在数据传输过程中进行处理。通常，数据集成方法伴有流处理引擎和搜索引擎。

数据清洗：这是识别不准确、不完整或不合理数据的过程，然后修改或删除这些数据以提高数据质量。通常，数据清洗包括五个过程，例如定义和确定错误类型，搜索和识别错误，纠正错误，记录错误示例和错误类型，以及修改数据输入程序以达到减少将来错误的目的。

消除冗余：数据冗余是指数据重复或过剩，通常发生在多个数据集中。数据冗余会增加不必要的数据传输开销，导致存储系统的缺陷，如浪费存储空间、引起数据不一致、数据可靠性降低以及数据损坏等。因此，研究者提出了各种降低冗余的方法，例如冗余检测、数据过滤和数据压缩。这些方法可能适用于不同的数据集或应用环境。然而，降低冗余亦会带来一定的负面影响。例如，数据压缩和解压缩会引起额外的计算负担。因此，应该仔细平衡降低冗余的益处和计算开销。

3. 转换数据

最后一步是转换过程数据。用户正在使用的特定算法以及问题领域知识将影响此步骤，并且随着问题进展，用户很可能必须重新访问预处理数据的不同转换形式。三种常见的数据转换是缩放比例、属性分解和属性聚集。这一步也被称为特征工程。

缩放比例：预处理数据可能包含具有不同单位（如美元、千克和销售量）比例的混合属性。许多机器学习方法（如数据属性）具有相同的缩放比例，例如 0 到 1 之间。因此，需要考虑可能执行的特征缩放。

分解：有些特征代表了一种复杂的概念，当这种特征分解成组成部分时，可能对机器学习方法更有用。一个例子是，日期可能由天和时间组成，组成部分天和时间还可以进一步分解。也许只有天这一组成部分与解决问题有关。因此，需要考虑分解哪些特征。

聚集：可以将某些特征聚集到一个特征中，这可能对你尝试解决的问题更有意义。例如，每次客户登录系统时可能会有数据实例，这些实例可以聚集成登录次数的计数，进而可以丢弃冗余的数据实例。因此，需要考虑聚集哪种类型的特征。

2.10   沟通分析结果

在数据科学实践中，向决策者提供采取行动所需的洞察力至关重要。只有管理人员以符合其任务、需求和前景的形式获得清晰、准确和相关的数据分析结果，才有可能实现这一目标。

2.10.1   沟通分析结果的策略

可以采用下述策略沟通分析结果。

- 数据摘要将与项目目标相关的重要分析结果提取出来，并将其与用户的角色和经验相结合，继而以一种比详细报告更简单、更简洁的形式呈现——实质上是一个执行摘要。分析摘要应侧重于分析结果的关键方面，同时能够检查潜在的证据和分析逻辑。

- 综合分析结论看似将单独的结果统一起来，无论这些结果是互补的还是相互矛盾的，都用于解释它们对决策过程的综合影响。鉴于数据类型的多样性，以及准确性、及时性和相关性的程度，综合分析结论可能是最难以有效完成的。然而，综合分析结论对管理者选择合适决策至关重要，包括数据不足以保证对当前运营进行更改的决策。
- 叙述将分析结果置于与目标受众相关的更大范围内，这些人可能与数据科学家有着不同的角色、经验和观点，甚至是执行数据科学成果的组织机构领导。
- 可视化基于图像构建静态或动态的数据表示和分析结果（例如线形图、直方图、地图、网络图），以平衡对数据本身的直接评估。这些视觉表示还可能具有交互式元素，使得用户能够选择数据子集，随时间观察数据模式，或者执行一些基本分析。可视化需要文化包容性，也需要谨慎地选择数据类型以及接受可视化结果作为可操作的证据。但是，可视化可以成为沟通分析结果和推荐的有效方法。

2.10.2　数据可视化

数据可视化是数据的表示形式，可以帮助用户了解到仅通过查看裸数据无法看到的信息。

对于复杂的数据分析而言，数据可视化非常重要。在复杂的数据中，结构、特征、模式、趋势、异常和关系不易被检测到。通过以各种可视形式呈现数据，可视化为提取隐藏模式提供支持。可视化不仅提供了对大型复杂数据集的定性概览，还有助于确定感兴趣的区域和参数，用于进一步的定量分析。

直到最近，电子数据表成为数据分析和理解数据的关键工具。但是，当你通过电子数据表查看网络数据时，很难追踪到一些信息——它们变得不可见，因为其深度可能是两层甚至十层。使用电子数据表和表格分析复杂的数据使得工作量很大，而且关系也会隐藏起来。然而，当直观地展示时，数据可以展现出电子数据表或数据库中隐晦的关系。换句话说，通过可视化地链接数据，所有关系都变得更容易发现了。

示例请参阅图 2-5 中的可视化结果。从区域灾害管理服务上提取数据，并将其上传到 Google 地图，其显示了袭击安特卫普的风暴，该风暴形成了根特与安特卫普间的一条破坏性路径。

有一些使用图形方法来组织和链接数据的语义图数据库。通过图形可视化，数据科学家可以浏览图并在两个节点连接时动态地发现关系。语义图对聚集查询和指针雕镂进行了优化。使用 SPARQL 查询语言和查询优化器，语义图数据库经过优化后可处理任意长度的字符串，并被设计用于链接异构数据。语义图数据库范例使用本体系统来输入模式：大型标签有向图用于数据，图模式匹配用于查询，递归查询语言用于图数据分析。当涉及高度复杂和大型的数据集时，这种数据库模式很便利。

数据科学家通过将记录的数据与可视化的图数据库连接起来，发现新的知识。这种图数据库在图上展现结果并进行比较。通过许多不同数据点的可视化表示，数据科学家可以浏览图表并动态地发现两个节点连接的关系。

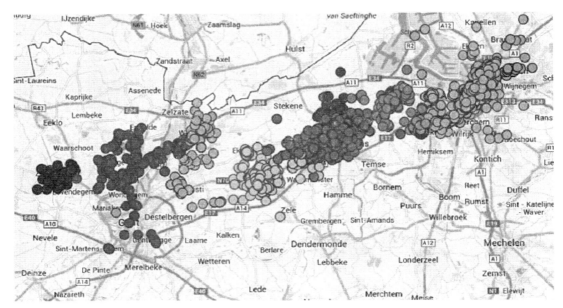

图 2-5   地理分布数据

在商业环境中，可视化通常有两个目标：可解释性和探索性。这种致力于引导用户沿着一条既定路径前行的可视化在本质上是可解释的。我们在日常生活中遇到的各种企业仪表板多数属于此类别。探索性可视化为用户呈现数据集的诸多维度，或者将多个数据集相互比较。在这种情况下，用户可以探索可视化结果，沿途提问，并找到这些问题的答案。探索性分析没有精确的终点，可以是周期性的。用户可以从单一可视化结果中发现许多见解，并与其交互，达到获得数据理解的目的，而不是做出具体决定。

2.10.3   可视化技术

旨在发现战略关系的可视化数据处理的方法如下。

- 数据回归：可以采用两个或更多数据集，确定依赖关系级别和数据拟合方程。这是依赖模型的数学等价式。回归可以确定线性方程，并计算数据点与线的匹配程度。
- 异常检测：制图技术使得偏离标准的偏差显而易见。有些偏差是误差，可以从数据集中移除。其他偏差是业务关系的一些重要指标。异常值检测识别出应分析哪些点以确定其相关性。
- 依赖建模：通常，由于某些依赖性，两个数据集的趋势相同或趋于循环。一个明显的例子便是雨天和雨伞的销售。一些模糊的关系可以通过依赖建模发现。企业可以监控可访问的因素（如天气），用以预测诸如某些产品销量等不太明显的因素。在图表上，两个数据集之间的正相关关系将粗略地显示为一条线。
- 聚类：随着数据集的图表化，分析师可以发现数据点聚类成组的趋势。与依赖建模类似，聚类亦可以发现数据关系，但仅适用于离散变量。
- 数据分类：通过参数对实体进行分类，类似于聚类。例如，一家保险公司可以使用客户的"日常生活"数据，确定客户是否处于危险之中。

最重要的是，当企业筛选大量数据时，有效的数据可视化可以使企业受益，进而识别重要关系，有助于企业进行业务决策。

2.11　练习

1. 针对数据科学家，描述现有分析架构的优点和缺点。
2. 考虑经常使用的数据驱动型的服务（例如 Amazon.com、Facebook）。假设你希望将这种服务的数据存储在简单的电子表格中。电子表格中的每一行代表什么？数据列是什么？
3. 探索以下数据可视化类型：

   * 标签云
   * Clustergram
   * 运动图表
   * 仪表板

4. （项目）分析现实世界的数据科学问题，确定哪些方法是合适的，适当地组织数据，应用一种或多种方法，并评估解决方法的质量。
5. （项目）考虑以下业务案例，并描述企业如何应对每种情况下发现的问题。通过回顾你的发现结果，总结你的分析。

   a. 奶农想要知道是否牛奶将获得合理的市场定价，以及是否可以改变地区内的结构因素和合作社，达到提高农民未来经济地位的目的。假设农民的生牛奶价格受到管制，这为农民销往加工厂的牛奶的最低价提供了保证。然而，在一些地区，最低价并不是一个有约束力的价格下限，市场价往往高于最低价。最低价与市场价之间的差异通常被称为超额订单溢价。奶农是否有资格获得超额订单，具体取决于以下因素：

      * 位于该地区的奶牛数量和生产能力
      * 乳品加工能力和产能利用率
      * 具有从该地区以外进口生牛奶的能力
      * 最低价格公式
      * 成品乳制品市场价格的变化
      * 天气状况

   b. 超市希望优化整个产品类别的货架空间分配，以获得更好的盈利。特别是，与可用的货架空间相比，石油和起酥油产品类别在超市连锁店中没有充分的数据。所有产品类别在几年内的交易数据是可用的。超市期望最大化销售，同时最小化库存投资。

参考文献

Akerkar, R. (2013). *Big data computing.* Boca Raton.: Chapman and Hall/CRC.

Davenport, T., & Harris, J. (2010). *Analytics at work: Smarter decision, better results.* Boston: Harvard Business Review Press.

Manna, M, (2014). *The business intelligence blog* [Internett]. Available at: https://biguru.wordpress.com/2014/12/22/the-data-science-project-lifecycle/. Funnet January 2016.

Shearer, C. (2000). The CRISP-DM model: The new blueprint for data mining. *Journal of Data Warehousing, 5,* 13–22.

第 3 章
基本学习算法

3.1 从数据中学习

本章广泛且条理清晰地介绍了机器学习的技术和实践。机器学习可用作创造价值和洞察力的工具，有助于组织结构实现新的目标。在前面的章节中，我们介绍过"数据驱动"这个术语，并且意识到数据在我们将其转化为信息之前是无用的。数据向信息的转换是使用机器学习的基本原理。

学习等同于通过学习研究、指导或经验等获得知识或理解。为了理解人类如何学习，研究人员试图开发在算法上实现知识获取和知识应用的方法，即机器学习。简而言之，机器学习是一种可以从数据中学习且不依赖基于规则的编程的算法。机器学习可以被看作是一般的归纳过程；这个过程根据数据实例的特征学习数据集的固有结构，并自动建模。在过去的十年中，机器学习已经从实验室示范研究领域发展成具有重大商业价值的领域。

研发"学习"的计算机程序需要多个领域的知识。机器学习学科融合了多种不同的方法，如概率论、逻辑学、组合优化、搜索、统计学、强化学习和控制理论。开发的机器学习方法是以许多应用为基础的，从视觉到语言处理、预测、模式识别、博弈、数据挖掘、专家系统和机器人等领域。

但最基本的问题是：机器为什么会学习，什么时候可以从一开始就按照需要进行设计？除了可以解释人类如何学习的原因之外，机器学习还有重要的工程原因。Nilsson（1996）提到了下述几个注意事项：

- 除非是示例，否则一些任务不能很好地定义；也就是说，我们可以指定输入/输出对，但不能指定输入与所需输出之间的关系。我们希望机器能够调整模型的内部结构，以便为大量的样本输入产生正确的输出，并适当地限制输入/输出函数来近似示例中隐含的关系。
- 重要的关系和相关性可能隐藏在大量的数据中。机器学习方法可以用于提取这些关系。
- 通常，人类设计师制造的机器在使用环境中效果不佳。事实上，工作环境的某些特征在设计时可能不完全为人所知。机器学习方法可用于对当前机器的设计进行边工作边改进的操作。

真实世界案例 1：改善医疗保健服务

对于医院而言，患者重新入院是一个关键问题，不仅仅是出于对病人健康和福利的考虑。公共和私营保险公司对具有高的重入院率的医院进行处罚。因此，医院在确认病人是否足够健康并可以出院时，有一定的经济风险。因此，著名的医疗保健系统使用机器学习来为病人构建风险评分。这样，评分为管理者在患者出院决策中发挥作用。这有助于更好地利用护士和病例管理员，根据病例的风险和复杂程度确定病人的优先级。

以下术语常用于机器学习领域：

- 实例：实例是训练数据中的一个例子。实例通过许多属性描述。一个属性可以是类标签。
- 属性：属性是实例的某一方面（例如，温度、湿度）。在机器学习中，属性通常被称为特征。特殊属性是定义该实例所属类的类标签。
- 分类：分类器能够根据预先确定或学到的分类规则对给定的实例（测试数据）进行分类。
- 训练：分类器根据给定的实例集合（训练数据）学习分类规则。有些算法没有训练阶段，但是在对一个实例进行分类时要完成所有的工作。
- 聚类：将未标记的数据集（不包含类信息）划分成包含相似实例的集群的过程。

数据科学家使用许多不同的机器学习工具来执行他们的工作，包括 R、Python、Scala 等分析语言。

有效的机器学习程序包括以下特点：

- 处理丢失数据的能力。
- 转换分类数据的能力。
- 管理复杂性的正则化技术。
- 用于自动化测试和学习的网格搜索能力。
- 自动交叉验证。

一个关键问题是如何在特定的条件下选择合适的机器学习算法。这个答案取决于数据的大小、质量和性质。这也取决于你想要对解决方案做什么。

- 准确性：在权衡过度拟合的情况下，获得最好的分数或近似解。通过使用更近似的方法，可以大幅地减少处理时间。
- 训练时间：训练模型所需的时间。一些算法对数据点的数量比其他算法更加敏感。当时间有限、数据集较大时，训练时间可以驱动算法的选择。
- 线性：线性分类算法假设类可以用一条直线来分隔。虽然这些假设对某些问题是有益的，但这个假设会使准确性降低一些。
- 参数的数量：诸如容错，迭代次数，或者算法执行方式的不同选择等参数都会影响算法的行为。算法的训练时间和准确性有时对获得正确的设置非常敏感。

- 特征的数量：对于某些类型的数据，与数据点的数量相比，特征的数量非常多。大量的特征会使一些学习算法超载，使得训练速度非常慢。

此外，一些学习算法会对数据结构或所期望的结果做出特定的假设。

机器学习方法可以分为几类。最受欢迎的三种方法是监督、无监督和强化学习。我们将在下几节讨论这几种方法。我们参考了 Akerkar 和 Lingras（2007）、Witten 和 Frank（2005）以及 Mitchell（1997），并对各种学习算法进行了全面讨论。在第 9 章中，我们提供了一些方法的 R（编程）代码。

3.2 监督学习

在监督学习中，模型定义了一组观测（输入）对另一组观测（输出）的影响。换句话说，输入被假定为在因果链的开始，而输出在因果链的末端。模型可以包括输入和输出之间的变量。

简而言之，监督学习算法根据一组例子做出预测。例如，如果我们使用市场营销活动的历史数据，则可以根据潜在客户是否响应来对每个展示进行分类，或者我们可以确定潜在客户花了多少钱。监督技术为预测和分类提供了强大的工具。

3.2.1 线性回归

基于方程或数学运算而建立模型的算法——根据输入属性所取的值生成一个连续的值来表示输出——被称为回归算法。当我们想为优化结果提供选择时，我们通常使用回归技术。这些算法的输入可以是连续值或离散值（取决于算法），而输出是一个连续的值。

我们来理解一下线性回归：假设你要求一名小学生通过增加体重的顺序来安排他班上所有的学生，而不问他们的体重。你认为这个学生会做什么？他会在视觉上分析学生的身高和体型，并将这些可见的参数组合起来。在这里，学生已经发现身高和体型与体重相关，这看起来像下面的等式。

线性回归用于根据连续变量估计实际值。在这里，我们通过拟合最佳直线来建立自变量和因变量之间的关系。这个最佳拟合直线被称为回归直线，由以下线性方程表示：

$$Y=a*X+b$$

其中，Y 是因变量，a 是斜率，X 是自变量，b 是截距。

通过最小化数据点与回归线之间距离的平方和，得到系数 a 和 b。

真实世界案例 2：预测

在酒店业务中，客户事务数据可以用于开发预测模型，这种预测模型准确地产生有意义的市场期望值。无论连锁酒店是否依赖移动平均数或时间序列预测算法，机器学习都可以提高预测模型的统计可靠性。预先估计需要准备多少菜单项以及何时准备菜单项是有效食品生产管理的关键。根据现有的销售数据，回归模型可以提供一天中产品使用情况的预测。同时，了解在任何时期出售多少产品，有助于支持有效的库存补充系统，从而最小化存储产品所占用的资金。

当数据间存在线性依赖时，线性回归算法给出了最佳结果。该算法要求输入属性和目标类为数值，且不允许丢失属性值。对于给定的一组输入属性 a_1，a_2，$\cdots$，a_k，算法计算回归方程来预测输出（x）。计算输出的等式被表示为输入属性的线性组合形式，其中每个属性与其各自的权重 w_0，w_1，$\cdots$，w_k 相关联，其中 w_1 是 a_1 的权重，并且 a_0 被视为常数 1。等式采用下述形式：

$$x = w_0 + w_1 a_1 + \cdots + w_k a_k$$

权重必须以最小化误差的方式来选取。为了获得更好的准确性，必须将更高的权重分配给影响结果更大的属性。一组训练实例用于更新权重。在开始时，权重可以被分配随机值，或者全部设置为常数（比如 0）。对于训练数据中的第一个实例，可以得到如下的预测输出：

$$w_0 + w_1 a_1^{(1)} + \cdots + w_k a_k^{(1)} = \sum_{j=0}^{k} w_j a_j^{(1)}$$

其中，属性的上标给出了训练数据中的实例位置。在得到所有实例的预测输出之后，重新分配权重，以最小化实际和预测结果之间的平方差。因此，权重更新过程的目标是最小化下述公式：

$$\sum_{i=1}^{n} \left(x^{(i)} - \sum_{j=0}^{k} w_j a_j^{(i)} \right)^2$$

这是第 i 个训练实例（$x^{(i)}$）所观察到的输出与从线性回归方程得到的训练实例的预测结果的平方差之和。

在图 3-1 中，我们确定了线性方程的最佳拟合直线 $y = 0.2714x + 12.8$。用这个方程，我们可以根据一个人的身高，得知其体重。

有两类线性回归。

- 一元线性回归
- 多元线性回归

考虑一个分析师希望建立公司股票价格的每日变化和诸如交易量的每日变化（特定时间段内在证券或整个市场上交易的股票数量）、市场

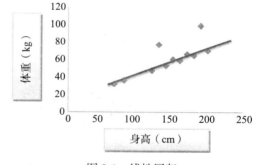

图 3-1　线性回归

回报的每日变化等其他解释变量之间的线性关系。如果分析师将公司股票价格的每日变化作为一个因变量进行回归，并将交易量的每日变化作为一个自变量，那么这将是含有一个解释变量的一元线性回归例子。如果分析师将市场回报的每日变化加入到回归中，则将是一个多元线性回归。

如果我们使用大数据进行回归，想必我们正在寻找相关性和一些数据依据。

3.2.2　决策树

决策树是一种有监督的学习方法。决策树是用于分类和预测的强大而常用的工具。基于树的方法的好处在于决策树表示规则。规则可以被很容易地表达出来，以便人们能够理解这

些规则。这些规则可以用数据库语言（如 SQL）表示，这样就可以检索属于某个特定类别的记录。

该算法适用于分类和连续的因变量。在这个算法中，将数据集拆分成两个或多个同构集合。这个过程是基于最重要的属性 / 自变量来完成的，以尽可能地形成不同的组。

在某些应用中，分类或预测的准确性是最重要的。在某些情况下，解释决策原因的能力至关重要。例如，在医疗保险承保方面，有一些法律禁止基于某些变量的歧视。保险公司可能会发现自己必须证明满足法律要求，即该公司没有使用非法的歧视性做法来给予或拒绝承保。有多种算法用于构建决策树，它们共享可解释性。

我们考虑图 3-2，在这个图中，可以看到其根据多个属性将人群划分为四个不同的群体，以确定"他们是否会玩"。

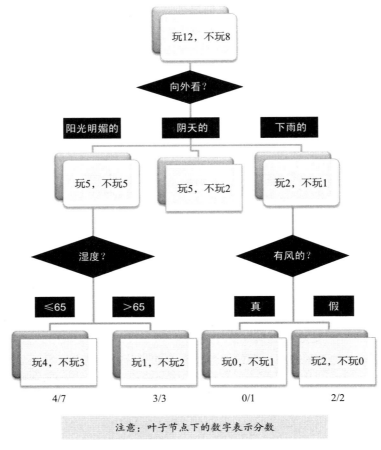

注意：叶子节点下的数字表示分数

图 3-2 决策树

决策树的构建过程涉及在树的每层上识别分割属性和划分标准。决策树构建过程的目标是生成具有高精度的简单逻辑规则。有时，通过修剪和变换来改变树，可以提高树的分类效率。在构建决策树后，这些过程将被激活。以下是决策树生成方法的一些理想特性：

- 该方法能够同时处理数字和分类属性。
- 该方法应该清楚地表明哪些字段（或域）对预测或分类最重要。

决策树的缺点如下：

- 某些决策树只能处理二进制值的目标类，而开发决策树过程的计算代价较高。对于每个节点而言，在找到最佳分割之前，需要检查每个候选的拆分字段。

真实世界案例 3：降低客户流失和风险

　　一家保险公司意识到，他们的家庭保险政策的中期取消率高于正常水平。减少客户流失和风险是公司成功的关键因素。因此，数据科学家创建、测试并完善了一个模型，该模型预测客户的中期政策的取消率，在开始后的 13 天以及在分段数据集更新之前的 27 天监测数据。

　　所有决策树的构造技术都基于递归地划分数据集的原则，直到达到同构性。构建决策树涉及以下三个主要阶段。

- 构造阶段。在整个训练数据集上，原始决策树在该阶段构造。这个阶段根据给定的拆分准则递归地将训练集分成两个或多个子集，直到满足停止条件。
- 修剪阶段。在上一阶段构造的树可能由于过度拟合，不能给出最好的规则集。修剪阶段移除一些较低的分支和节点以提高其性能。
- 处理阶段。对修剪后的树进行进一步的处理以提高可理解性。

　　虽然这三个阶段对于大多数的知名算法而言是很常见的，但是一些算法尝试将前两个阶段整合为一个单独的过程。

3.2.2.1　M5Prime 算法

　　M5Prime（M5P）算法是对用于归纳回归模型树（Quinlan 1986）Quinlan M5 算法的重构。M5P 将传统决策树与节点上的线性回归函数相结合。

　　首先，使用决策树归纳方法来构建树，但不是最大化每个内部节点处的信息增益，而是使用拆分准则来最小化每个分支中类值的内部子集变化。如果所到达节点的所有实例类值变化非常小，或者只剩下几个实例，那么 M5P 的拆分过程将停止。

　　其次，从每片叶子对树进行修剪。修剪时，内部节点转化为带有回归平面的叶子。

　　第三，为了避免子树间的尖锐不连续，需应用平滑过程，该过程将叶模型预测与沿路径返回到根的每个节点结合起来，通过将其与该节点的线性模型所预测的值相结合，在每个节点上对其进行平滑处理。

　　M5 构造一个树来预测给定实例的值。该算法要求输出属性为数值，而输入属性可以是离散的，也可以是连续的。在树的每个节点上，根据与该节点关联的属性测试条件来决定对特定的分支进行追踪。每个叶子节点都有一个与其关联的线性回归模型，如下所示：

$$w_0 + w_1 a_1 + \cdots + w_k a_k$$

　　基于实例中的一些输入属性 a_1，a_2，$\cdots$，a_k 和其对应的权重 w_0，w_1，$\cdots$，w_k，可使用标准的回归方法进行计算。当叶节点包含预测输出的线性回归模型时，该树被称为模型树。

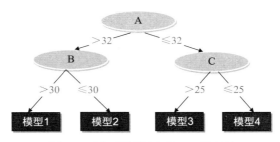

图 3-3　用于预测温度的 M5 模型树

我们从一组训练实例开始，使用 M5 算法构造模型树（见图 3-3）。这棵树是用分治法构造的。从根节点开始，在每个节点上，到达它的实例集或者与叶节点相关联，或者选择一个测试条件，继而根据测试结果将实例分成子集。测试基于属性值，该属性值用于决定要遵循哪个分支。几个潜在的测试可以在一个节点上使用。在 M5 中，使用了最大化误差减少的测试。对于测试，可以使用预期的误差减少，如下公式所示：

$$\Delta\mathrm{error} = \mathrm{stdev}(S) - \sum_i \left(\frac{|S_i|}{|S|} \mathrm{stdev}(S_i) \right)$$

其中 S 是传递给节点的实例集，$\mathrm{stdev}(S)$ 是该节点的标准偏差，S_i 则是由第 i 个测试结果在节点上拆分而形成的 S 的子集。上述创建新节点的过程是重复的，直到仅有很少实例需要进一步的处理，或者在到达节点的实例中输出值的变化很小。

一旦形成树，每个节点都会创建一个线性模型（回归方程）。方程中使用的属性是在该节点下方的子树中用于测试或用在线性模型中的。在该节点上方的测试属性没有被使用，因为上面节点的测试已经获得了这些属性对预测输出的影响。通过消除节点中的属性，进一步简化了构造的线性模型。从线性模型中去除的属性使得误差减少。对于给定的实例，误差被定义为模型所预测的输出值与实例的实际输出值之间的差异。

这种模型树可以使用复杂的形式。在任何数据集的模型拟合中，修剪都具有重要作用。树被修剪，使得树结构更简单，但不失去基本的功能。从树的底部开始，计算每个节点的线性模型误差。如果节点上的线性模型的误差小于该节点的子树的误差，那么将剪掉该节点的子树。当训练实例中有缺失值时，M5P 会改变预期的误差减少计算公式，如下所示：

$$\Delta\mathrm{error} = \frac{m}{|S|} * \beta(i) * \left[\mathrm{stdev}(S) - \sum_i \left(\frac{|S_i|}{|S|} \mathrm{stdev}(S_i) \right) \right]$$

其中，m 是对于给定属性无缺失值的实例数量，S 是该节点处的实例集合，$\beta(i)$ 是在离散属性情况下的乘积因子，i 取值 L 和 R，S_L 和 S_R 是根据该属性拆分得到的集合。

在测试过程中，对于到达节点的所有训练实例，未知属性值将被该属性的平均值替换，其效果是始终选择最密集的子节点。

3.2.2.2　ID3 决策树算法

ID3（Quinlan 1986）将概念表示为决策树。决策树是树结构形式的分类器，其中每个节点都是：

- 一个叶节点，表示一个类的实例；
- 一个决策节点，它指定了对某个属性值进行测试，对于每个可能的测试结果，都有一个分支和一个子树。

决策树可以用于对实例进行分类，方法是从树的根开始并移动到叶节点，叶节点给出了该实例的分类结果。

对于给定的实例，决策树通过从顶部开始向下移动直到到达叶节点来对该实例进行分类。预测当前温度的典型决策树如图 3-4 所示。叶节点的值为该实例的预测输出结果。在每个节点上，测试一个属性，并且该节点的分支对应于这个属性的可取值。当实例到达某个节点时，所选取的分支取决于它在节点上测试的属性值。

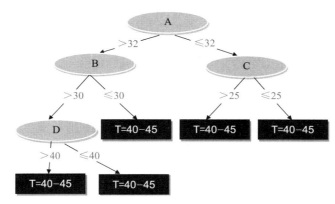

图 3-4　根据一组附近地点的温度值来预测 C 位置的当前温度的决策树

ID3 算法基于给定的训练实例集来构造决策树。从创建根节点开始，ID3 采取一种贪心的自上而下的策略构造树。在每个节点上，将所有到达该节点的训练实例最佳分类的属性选作测试属性。在某个节点上，只考虑该节点的上方节点未使用过的分类属性。为了选择该节点的最佳属性，计算每个属性的信息增益，并选择具有最高信息增益的属性。属性的信息增益被定义为根据该属性进行实例拆分而导致的熵减少。节点中属性 A 的信息增益是使用下式计算所得：

$$\mathrm{InformationGain}(S, A) = \mathrm{Entropy}(S) - \sum_{v \in \mathrm{Values}(A)} \left(\frac{|S_v|}{|S|} \mathrm{Entropy}(S) \right)$$

其中 S 是该节点处的实例集合，$|S|$ 是集合的大小，S_v 是 S 的子集并且这个子集中属性 A 的值是 v，集合 S 的熵的计算公式如下：

$$\mathrm{Entropy}(S) = \sum_{i=1}^{\mathrm{numclasses}} -p_i \log_2 p_i$$

其中，p_i 是 S 中将第 i 个类值作为输出属性的实例个数所占的比例。

对于测试属性选取的每个值，都将在其节点下方插入一个新分支。具有与所选取的分支关联的测试属性值的训练实例被向下传递到这个分支中，并且该训练实例子集用于创建更多节点。如果上述训练实例的子集具有相同的输出类值，那么在分支末端生成一个叶子，并将输出属性分配给该类值。在没有实例传递到分支的情况下，在分支末端添加一个叶节点，该分支末端将训练实例中最常见的类值分配给输出属性。上述生成节点的过程一直进行，直到所有实例被正确分类，或者所有的属性都被使用，或者无法分割这些实例。

一些扩展被添加到基本的 ID3 算法中：

1. 处理连续值属性；

2. 处理缺少属性值的实例；

3. 防止过度拟合数据。

当在节点中所选取的属性值是离散值时，形成的分支数量便等于该属性所采取的可能值的数量。在连续值属性的情况下，计算将实例最优地分成两个分支的阈值，并根据这个阈值形成两个分支。

可能出现这样的情况：实例没有（缺少）某个属性的值或者属性值未知。在到达测试该属性节点的训练实例中，缺失值可以由该属性的最常见值替换。

C4.5 是一种用于生成由 Quinlan 研发的决策树的算法（Quinlan 1993）。C4.5 是 ID3 算法的扩展。在 C4.5 算法中，根据节点的训练实例中属性值的出现次数，计算具有缺失值的属性采取每个可能值的概率。然后，将概率值用于计算节点的信息增益。

在 ID3 算法中，有时由于使用的训练集太小，构造的树能够正确地对训练实例进行分类，然而，在应用于整个数据分布时却会失败，这是由于当数据量较小时，ID3 算法侧重于数据中的虚假相关性，这被称为过度拟合。为了避免过度拟合，C4.5 使用了一种被称为规则后修剪的技术。在规则后修剪中，树在构造后被转换为一组规则。

在为树生成的每个规则中，剪掉那些不会降低模型准确性的前提。准确性是基于验证集中的实例来度量的，验证集是训练集的子集且未用于构建模型。

真实世界案例 4：发现新顾客

发现新客户是任何企业的共同需求。当潜在客户访问公司网站时，有许多产品（不同的保险计划）可供选择。借助网络以及利用机器学习模式进行针对性营销的优势，许多数据驱动的企业通过在线交互提高了新客户的获取率。这是有利可图的，特别是因为上网涉及的成本低于使用常规信件或电子邮件直接联系的成本。

3.2.3 随机森林

随机森林是决策树集的标志短语。在随机森林中，我们有一组决策树，也就是所谓的"森林"。

在样本量小和 p 值较大的情况下，决策树会出现过度拟合和变量忽略的问题，而随机森林非常适合小样本量和大 p 值问题。随机森林以牺牲一些可解释性为代价，来提高最终模型的性能。

有两种著名的分类树方法，即 boosting 算法和 bagging 算法。在 boosting（增强）算法中，后续的树会对其之前预测错误的点增加权重。最后，通过加权投票来进行预测。在bagging 算法中，后续树不依赖于较早的树——每个树都是使用数据集的 bootstrap（自助）样本独立构建的。最终，以简单的多数投票结果进行预测。

（Breiman 2001）提出了随机森林算法，该算法为 bagging 算法增加了随机性。除了使用不同的 bootstrap 样本数据构建每个树之外，随机森林算法还会改变分类树或回归树的构建方法。在标准树中，每个节点在所有变量中选择最佳拆分以对该节点进行分割。在随机森林中，每个节点随机选择预测子集，并使用子集中的最好结果对该节点拆分（Breiman 等，1984）。

随机森林算法如下所示：

1. 从原始数据集中，随机抽取 n_{tree} 个 bootstrap 样本。

2. 对于每个 bootstrap 样本，生成未修剪的分类树或回归树，并进行以下修改：在每个节点上，不是在所有预测变量中选择最佳拆分，而是随机抽取 m_{try} 个预测变量并从这些变量中选取最佳拆分。（bagging 算法可以被认为是当 $m_{try} = p$ 时随机森林的特殊情况，其中 p 是预测变量的个数。）

3. 通过聚集 n_{tree} 棵树的预测结果来预测新数据（即分类结果的多数投票，回归的平均值）。

根据训练数据，可以通过以下方式计算误差率的估计值：

1. 在每次（bootstrap）迭代时，使用 bootstrap 样本生成的树来预测非 bootstrap 样本中的数据。

2. 聚集 bag 数据集外（相当于验证或测试数据，在随机森林中，不需要单独的测试集来验证结果）的预测结果并计算误差，通常将其称为 out-of-bag 误差率估计。

然而，一个显而易见的问题是，为什么我们从随机特征子集中选择特征比使用传统算法更好？当包含这些特征的模型不相关时，随机选择的方法更有效。在传统的 bagging 决策树算法中，最终生成的决策树很可能是高度相关的，因为同样的特征往往会被反复使用以拆分bootstrap 样本。将每次的拆分 – 测试限制为容量小且随机的特征，我们可以减少集合中树之间的相关性。此外，通过限制每个节点上的特征，学习算法可以更快，可以在给定的时间内，学习到更多的决策树。因此，我们不仅可以使用随机树学习算法构建更多的树，而且还可以降低这些树的相关性。鉴于这些原因，随机森林算法往往具有优良的性能。

3.2.4　k- 近邻算法

若我们有许多对象要进行分类且分类过程烦琐耗时时，那么可使用最近邻算法。这种方法适合于企业进行良好业务认知之时。

k- 近邻算法（k-NN）是基于特征空间中距离相近的样本进行分类的方法。它是一种基于实例的或惰性的学习方法，其中函数仅在本地近似，所有计算过程都被推迟到分类。k- 近邻是一种简单的算法，它存储所有可用的案例，并通过其 k 个邻居的多数投票对新的对象进行分类。人们通常使用距离函数测量来分配新对象的邻居。

真实世界案例 5：银行机构中的信用评级

银行有客户详细信息和信用评级数据库。这些详细信息很可能是个人的财务特征，比如他们赚多少钱，是否拥有房子或租房子等，这些信息也被用来计算个人的信用评级。然而，根据详细信息来计算信用评级的代价较高，所以银行想找到一些方法来降低计算代价。他们注意到，信用评级本质上是给具有类似财务信息的客户赋予相似的信用等级。因此，他们希望能够使用这个现有数据库来预测新客户的信用评级，而无须执行所有计算。

我们构造一个分类方法且对函数形式 $y=f(x_1, x_2, \cdots, x_p)$ 没有任何假设，该函数将因变量 y（或响应变量）与自变量（或预测因子）$x_1, x_2, \cdots, x_p$ 关联起来。我们仅仅假设该函数是光滑的。这是一种非参数方法，因为它不涉及以假定的函数形式（例如我们在线性回归中遇到的线性形式）来估计参数。

我们具有训练数据，其中每个观测值都有一个 y 值，y 就是观测值所属的类别。例如，如果我们有两个类，则 y 是一个二元变量。k- 近邻方法的思想是动态地识别训练数据集中与新观测值类似的 k 个观测值。比如，我们有下面的训练数据集合：

$$(u_1, u_2, \cdots, u_p)$$

我们希望对这些观测值进行分类，并用这些分类结果对 $\hat{u}$ 进行分类，可以用下述函数表示 $\hat{u}$：

$$\hat{u}=f(u_1, u_2, \cdots, u_p)$$

如果假设函数 f 是光滑的，那么我们可以在训练数据中找到 $\hat{u}$ 附近的观测值，然后根据这些观测值的 y 值计算出 $\hat{u}$。

$(x_1, x_2, \cdots, x_p)$ 与 $(u_1, u_2, \cdots, u_p)$ 间的欧几里得距离如下：

$$\sqrt{(x_1-u_1)^2+(x_2-u_2)^2+\cdots+(x_p-u_p)^2}$$

当我们讨论聚类方法时，我们将研究其他的空间距离定义方法。

最简单的情况是 $k=1$，此时我们仅需找到新点的最近邻居并令 $\hat{u}=y$，其中 y 是最近邻居的分类值。如果我们有大量的数据并且使用任意的分类规则，那么最好的情况是可以将分类误差减少到简单 1-NN 规则的一半。

对于 k-NN，我们如下扩展 1-NN 的思想。找到最近的 k 个邻居，然后使用多数投票规则对新的观测值进行分类。其优点是，较高的 k 值可以使结果平滑化，降低了训练数据中由于噪声而导致的过拟合风险。在典型的应用中，k 有计量单位或以数十为单位。注意到，如果 $k=n$，即训练数据集中观测值的数量，我们仅预测训练数据中观测值占大多数的类别，而无须考虑 $(u_1, u_2, \cdots, u_p)$ 的值。这显然是过度平滑的情况，除非自变量中没有关于因变量的信息。

k- 近邻算法对数据的局部结构很敏感。k 的最佳选择取决于数据；一般来说，较大的 k 值会降低噪声对分类的影响，但会使得类之间的界限不太明显。一个好的 k 值可以通过各种启发式方法来选取，如交叉验证。由于存在噪声或不相关特征，或者特征尺度与其重要性不一致，算法的准确性可能会显著降低。k-NN 的例子如图 3-5 所示。

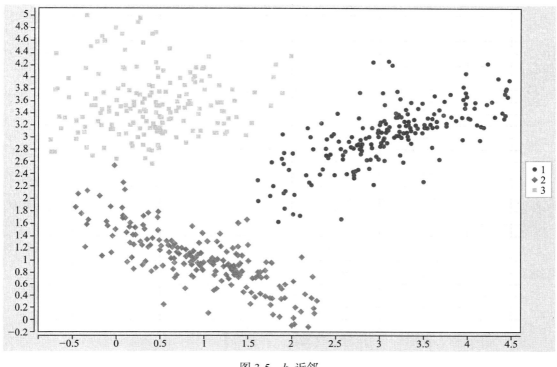

图 3-5　k- 近邻

3.2.5　逻辑回归

逻辑回归基本上是一种分类方法而不是回归算法。假设我们对影响政治候选人是否赢得选举的情况感兴趣。结果（响应）变量是二进制的（0/1）：赢或输。预测变量则是花费在竞选活动上的金额，花费在竞选中的时间以及候选人是否在职。上述变量是解释变量或自变量。在这里，逻辑回归适用于一种情况，在该情况下我们想要找出与任何两种结果相关的概率。

逻辑回归根据一组给定的自变量来估计离散值。它通过将数据拟合到 logit 函数来预测事件发生的概率。因此，它也被称为逻辑回归。由于这种方法预测了概率，因此其输出值介于 0 和 1 之间。

真实世界案例 6：预测企业破产

企业的债权人和股东需要预测盈利业务决策的违约概率。在金融领域，对破产概率的准确评估可以导致更好的贷款实践，以及更好的反映信用风险利率的公允价值估计。例如，如果审计员未能发出预警，则可能会引起会计师事务所的不满。传统上，信用或交易对手风险评估仅仅使用标准信用评级机构发布的评级。正如许多投资者最近发现的，这些评级往往是被动的，而不是预测性的。因此，亟须建立准确的定量模型来预测企业破产。建立这种预测的定量模型的关键方法是利用统计模型，从数据中学习违约与企业变量之间的关系。在这种实践中，基于逻辑回归、多元判别分析和神经网络的模型已经被用于预测企业破产。

为了更好地理解 logit 函数是什么，我们介绍概率（odds）的表示法。某个事件发生的 odds 定义如下：

$$odds = \frac{p}{(1-p)} = \frac{\text{probability of event occurrence}}{\text{probability of not event occurrence}}$$

$$\ln(odds) = \ln(p/(1-p))$$

$$logit(p) = \ln(p/(1-p)) = b_0 + b_1X_1 + b_2X_2 + b_3X_3 \cdots + b_kX_k$$

上述公式中，p 是感兴趣特征的出现概率。它选择的参数最大化了观察样本值的可能性，而不是最小化平方误差之和，就像一般的回归方法一样。为了简单起见，我们简述这是复制一个阶梯函数的最好的数学方法之一。

图 3-6 显示了 odds 函数。如我们所见，事件的 odds 不是有界的，当事件的发生概率从 0 到 1 变化时，概率取值从 0 到无穷。

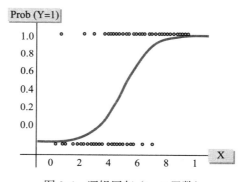

图 3-6　逻辑回归（logit 函数）

然而，考虑 odds 并不总是很直观的。更糟的是，由于不对称的原因，odds 方法不好用。

逻辑回归与线性回归相比有几个优点，特别是逻辑回归更健壮，并且不假设线性关系，因为它可以处理非线性关系。然而，它需要更多的数据才能取得稳定且有意义的结果。其他优点如下：

- 对于许多简单的数据集来说，准确性很好。
- 对类的分布不作任何假设。
- 抗过度拟合。
- 易于扩展到多个类。

3.2.6　模型组合器

术语模型组合器（集成方法）基本上保留了由随机算法产生的捆绑拟合，其输出是数据集上多个机器学习算法结果的组合。这种方法与迭代程序和引导（bootstrap）程序无关。评论家称这种方法在过去十年中是机器学习领域最重大的发展。集成方法在网络排名算法，分类与聚类，时间序列与回归问题，以及水质应用等诸多领域得到了广泛的应用。

构建预测模型传统上涉及整个训练数据集中多个模型的训练，以及通过各种验证技术来选择性能最佳的候选模型。但实际上，单一模型很可能不稳定，并且不能捕获数据中可能存在的所有有用的模式。模型组合器利用了单一模型方法的缺点，模型不稳定性可以用来取得很好的学习效果。将随机修改注入学习算法也会使得模型非常准确。

许多技术已经发展为支持集成学习，最著名的是 bagging（bootstrap aggregating）和 boosting（Oza 2004）。bagging 与 boosting 之间存在许多差异。bagging 使用了多数投票策略，而在决策过程中 boosting 使用加权多数投票。由 boosting 生成的分类器彼此独立，而 bagging 方法生成的分类器彼此依赖。在 bagging 方法中，用于训练分类器的实例是从训练数据中选择的引导副本，这意味着在每个训练数据集中，每个实例都具有相同的概率。在 boosting 方法中，每个后续分类器的训练数据集逐渐集中于前期已训练分类器错误分类的实例。但 bagging 比 boosting 的优势在于其可降低方差并最小化误差。

3.2.6.1　AdaBoost 算法

boosting 是一种前向反馈模型。当我们有大量数据用于预测并且对预测精度要求很高时，我们可以使用 boosting（增强学习或提升）方法。这种方法组合多个弱预测器，来构建一个强预测器。

AdaBoost 是一种元算法，它被用来提高其他算法的性能。它为每个训练实例分配一个权重，这个权重决定了每个实例出现在训练集中的概率。具有较高权重的实例更可能包含在训练集中，反之亦然。在训练一个分类器后，AdaBoost 将增加错误分类实例的权重，以便这些实例将组成下一个分类器训练集的主要部分，并且下一个已训练好的分类器将在这些例子上表现出更好的分类效果。

我们解释一下 AdaBoost，这种方法生成一系列的基础模型，且各模型对训练集有不同的权重。它的输入是一组 N 个训练样例，一个基础模型学习算法记为 L_b，我们想要组合的模型的数目为 M。AdaBoost 最初设计用于二分类问题；因此我们将假设有两个可能的类。但是，AdaBoost 通常用于多分类问题。AdaBoost 的第一步是在训练集上构建权重 D_1 的初始分布。这种分布为所有 N 个训练实例分配相同的权重。AdaBoost 算法如下所示：

$$\text{AdaBoost}\big(\{(x_1, y_1),(x_2, y_2),\cdots,(x_N, y_N)\}, L_b, M\big)$$

Initialize $D_1(n) = \dfrac{1}{N}$ for all $n \in \{1, 2, \cdots, N\}$

For each $m = 1, 2, \cdots, M$:

$h_m = L_b\big(\{(x_1, y_1),(x_2, y_2),\cdots,(x_N, y_N)\}, D_m\big)$

$\varepsilon_m = \sum_{n:h_m(x_n)\ne y_n} D_m(n)$

If $\varepsilon_m \geq 1/2$ then.

set $M = m - 1$ and abort this loop

Update distribution D_m :

$$D_{m+1}(n) = D_m(n) \times \begin{cases} \frac{1}{2(1-\varepsilon_m)} \text{ if } h_m(X_m)=y_m \\ \frac{1}{2\varepsilon_m} \text{ Otherwise} \end{cases}$$

Return $h_{fin}(x) = \arg\max_{y \in Y} \sum_{m-1}^{M} I\left(h_m(x) = y\right) \log\left(\frac{1-\varepsilon_m}{\varepsilon_m}\right)$

为了构造第一个基本模型，我们称 L 具有分布为 D 的训练集。

在得到一个模型 h_1 后，我们在训练集本身上计算误差并记为 ε_1，这是 h_1 误分类的训练样本权重的总和。

我们要求 $\varepsilon_1 < 1/2$，这是一个弱学习假设，误差应该小于我们通过随机猜测类所达到的误差。如果这个条件不满足，那么我们停止并返回之前生成的基础模型组合。如果满足这个条件，那么我们在训练样本上计算一个新的分布 D_2，如下所述。

由 h_1 正确分类的实例的权重乘以 $1/(2(1-\varepsilon_1))$。

由 h_1 误分类的实例的权重乘以 $1/(2\varepsilon_1)$。由于条件 $\varepsilon_1 < 1/2$ 成立，正确分类实例的权重降低了，误分类实例的权重增加了。准确地说，在分布 D_2 下，h_1 误分类实例的总权重增加到 1/2，而 h_1 正确分类实例的总权重减少到 1/2。然后我们进入循环的下一次迭代，使用训练集和新分布 D_2 来构建基础模型 h_2。关键在于下一个基础模型将由弱学习器产生；因此，至少先前的基础模型误分类的例子，必须根据当前的基础模型进行正确分类。推动后续的基础模型来纠正早期模型所犯的错误。以这种方式构建 M 个基础模型。

AdaBoost 返回一个函数，该函数以一个新实例作为输入，并返回在 M 个基础模型上获得最大加权投票的类，其中每个基本模型的权重为 $\log((1-\varepsilon_m)/\varepsilon_m)$，这与加权训练集的基本模型的准确性成正比。

AdaBoost 在实践中性能较好。但是，当训练数据噪声较多时，AdaBoost 性能不佳。

3.2.6.2 bagging 算法

每个 bootstrap aggregating（bagging）从原始训练集构造多个 bootstrap 训练集，并使用它们中的每一个训练集来生成包含在组合中的分类器。下面讨论 bagging 与放回抽样。

通过使用训练数据的 bootstrapped 样本使得 bagging 分类器具有多样性。也就是说，从整个训练数据集中有放回地随机抽取不同的训练数据子集。每个训练数据子集用于训练相同类型的不同分类器。然后，单个分类器以简单的多数投票的方式组合在一起。对于任何给定的实例，由最大数量的分类器选择的类是集成决策。由于训练数据集可能有重叠，因此可以使用额外的测度来增加多样性，例如使用训练数据的子集来训练每个分类器，或者使用相对较弱的分类器（例如决策桩）。

下述算法对不同的 bootstrap 样本生成的分类器进行投票。bootstrap 样本是通过有放回地对训练集中的 N 个实例进行均匀采样而生成的。

1. 假设 $f(x, t)$ 是一个分类器，则该分类器在输入点 x 处产生一个 1 个具有 M 维向量的输出，其中该向量仅有一个元素为 1，其余（$M-1$）个元素为 0。

2. 我们从训练数据中有放回地生成 bootstrap 样本 $T_m = (t_{1m}, t_{2m}, \cdots, t_{Nm})$，样本大小为 N。

3. 将输入点 x 分类为 k，其中 k 为在 $f_{\text{bagging}}^k(x, t)$ 中具有最大投票数的类。

$$f_{\text{bagging}}^k(x, t) = \frac{1}{M} \sum_{m=1}^{M} f_m^k(x, t)$$

在这里，bagging 的基本思想是通过由 bootstrap 重采样的分类结果进行投票，以减少分类器的偏差。

如果基础模型学习算法不稳定——训练集的不同往往会在模型中引起显著的差异，则 bagged 集成会更多地改进模型。注意到，决策树是不稳定的，这解释了为什么 bagged 决策树性能经常优于单个决策树。然而，决策桩（只有一个变量的决策树）是稳定的，这说明了为什么 bagging 决策桩往往不会改善单个决策桩。

上述过程描述了 bagging 算法。随机森林与该方法的总体思想只有一处不同：它们使用修改后的树学习算法；在学习过程中，每个候选拆分点随机选择特征子集。这个过程有时被称为特征打包（feature bagging）。这样做的原因是普通 bootstrap 样本中树具有相关性：如果一个或几个特征对于响应变量（目标输出）来说是非常强的预测变量，那么这些特征将被许多树选中，导致这些树变得相关。

3.2.6.3 混合

混合（blending，也被称为 stacking）是组合不同模型的最简单且直观的方法。混合涉及对多个复合模型进行预测并将它们包含在更大的模型中，如第二阶段线性回归或逻辑回归。混合可用于任何类型的复合模型，但在复合模型数量不多且比 boosting 或 bagging 模型更复杂时，混合方法更适用。如果使用简单的线性回归，这相当于对所有预测进行加权平均，通过减少方差便可有效。如果模型与逻辑回归、神经网络或具有交互作用的线性回归进行组合，则复合模型能够相互产生乘数效应。

3.2.7 朴素贝叶斯

朴素贝叶斯是一种基于贝叶斯规则的简单概率分类器（Good 1992，Langley 等，1992）。当我们希望使用机器分类时，这种方法适用于简单过滤和简单分类。朴素贝叶斯算法通过学习每个输入属性的条件概率来建立概率模型，给出了输出属性可能的值。然后，这个模型用于预测给定一组输入时的输出值。当给定实例中的属性值被一起观测到时，将贝叶斯规则应用到条件概率上，就可以计算得到一个可能的输出值。

在解释朴素贝叶斯之前，我们定义贝叶斯规则。

贝叶斯规则如下所示：

$$P(A|B) = \frac{P(B|A)P(A)}{P(B)}$$

其中 $P(A|B)$ 定义事件 B 发生时能够观测到 A 的概率。$P(A|B)$ 被称为后验概率，$P(B|A)$、$P(A)$ 和 $P(B)$ 则被称为先验概率。贝叶斯定理给出了后验概率与先验概率之间的关系。当 A 和 B 的概率分别已知，且在 A 发生条件下观测到 B 的概率已知时，贝叶斯定理允许我们找出 B

发生时可以观测到 *A* 的概率。

朴素贝叶斯算法利用贝叶斯方法对一组训练样本进行分类，并对一个新的实例进行分类。例如，在给定输入属性的情况下，应用贝叶斯规则可以计算出每个输出类的概率，并将具有最高概率的类分配给该实例。使用的概率值是从训练集中已观测到的属性值的计数得到的。

当输入属性分别为 *a*、*b* 时，输出属性值为 v_j 的概率如下所示：

$$P(v_j|a,\ b)$$

上述概率值不易计算。应用贝叶斯定理，我们可以得到下式：

$$P(v_j|a,\ b)=\frac{P(a,\ b|v_j)P(v_j)}{P(a,\ b)}=P(a,\ b|v_j)P(v_j)$$

其中 $P(v_j)$ 是输出值为 v_j 的概率，$P(a,b|v_j)$ 是输出值为 v_j 时，输入属性值同时为 *a*、*b* 的概率。但是，如果输入属性（*a*，*b*，*c*，*d*，…）规模较大，那么我们可能没有足够的数据来估计概率 $P(a,\ b,\ c,\ d,\ \cdots|v_j)$。

朴素贝叶斯算法通过对所有输入属性使用条件独立假设来解决这个问题，给出了输出值的概率。因此，对于任何给定的输出，假定属性的取值不取决于实例中其他属性的值。通过应用条件独立假设，给定输出的输入概率值可以通过将该输出值的单个输入概率相乘得到。概率值 $P(a,b|v_j)$ 可以简化为：

$$P(a,\ b|v_j)=P(a|v_j)P(b|v_j)$$

其中 $P(a|v_j)$ 是输出值为 v_j 时，输入属性值为 *a* 的概率。因此，为给定的输入属性分配输出值 v_j 的概率为：

$$P(v_j|a,\ b)=P(v_j)P(a|v_j)P(b|v_j)$$

朴素贝叶斯算法中的学习包括根据所提供的训练集找出输入和输出属性采用的所有可能值的概率，即 $P(a|v_j)$ 和 $P(v_j)$ 的值。$P(v_j)$ 是通过输出属性值 v_j 的观察次数与训练集中的实例总数的比值中获得的。对于属性 a_i，概率值 $P(a_i|v_j)$ 是根据输出值为 v_j 时，在训练集中看到的 a_i 的次数计算得到的。

朴素贝叶斯算法要求实例中的所有属性都是离散的。连续值属性在使用之前必须进行离散化。不允许某个属性值缺失，这是由于在计算该属性的概率值时属性值缺失会引起问题。处理缺失值的一般方法是将它们替换为该属性的默认值。

3.2.8 贝叶斯信念网络

贝叶斯信念网络是一个有向无环图的网络模型。它反映了一个正在被建模的世界的某些部分的状态，并描述了这些状态是如何通过概率相关联的。例如，这个模型可能是你的办公室、汽车、生态系统或股票市场，贝叶斯信念网络（或贝叶斯网络）提出了对某些输入而不是所有输入应用条件独立的想法。这种想法避免了条件独立性的全局假设，同时保持了输入间一定量的条件独立性。

贝叶斯信念网络（Pearl 1988）提供了一组属性的联合概率分布。实例中的每个属性都以节点的形式在网络中表示。在网络中，当 X 是 Y 的父亲节点时，从节点 X 到节点 Y 进行有向连接，这意味着在 X 上存在 Y 的依赖关系，换句话说，X 对 Y 有影响。因此，在该网络中，给定其父节点的状态，节点上的属性在网络中有条件地独立于其非依赖点。这些影响是由条件概率表示的，其给出了该节点上取值的概率，即这个值取决于其父节点的值。节点的这些概率值以表格形式表示，被称为条件概率表（CPT）。在没有父节点的情况下，CPT 给出该节点上的属性分布。

当一个节点连接到层次结构上一级的一组节点时，这些父节点会影响该节点的行为。这个节点不受节点集合中其他节点的影响，这意味着在给定其父节点时，该节点有条件地独立于所有非父节点。层次结构中超过一级以上的节点，即该节点父节点的父节点，不会被视为直接影响该节点，因为它们会影响相关节点的父节点，因此会间接影响该节点。结果，仅考虑用父节点计算联合概率，因为只有直接父节点影响该节点处的条件概率。利用节点间的条件独立性，由节点 Y_1，Y_2，$\cdots$，Y_n 表示的一组属性值 y_1，y_2，$\cdots$，y_n 的联合概率由下式计算：

$$P(y_1, \cdots, y_n) = \prod_{i=1}^{n} P(y_i \mid \mathrm{Parents}(Y_i))$$

其中 $\mathrm{Parents}\,(Y_i)$ 是节点 Y_i 的直接父节点。概率值可以直接从与该节点相关的 CPT 中获得。

贝叶斯网络（Friedman 等，1997）要求输入和输出属性都是离散的。图 3-7 显示了一个简单的贝叶斯网络，仅使用少量输入实例来预测数值（例如温度）。树中的每个节点都与一个 CPT 相关联。例如，节点 A_{t-2} 的 CPT 包含 A_{t-1} 和 C_t 的所有可能值组合（即其父节点）与 A_{t-2} 可取值的概率。对于给定的实例，贝叶斯网络可以通过将单个节点所有可能值的单个概率相乘来确定目标类的概率分布。选择具有最高概率的类值。在图 3-7 中利用贝叶斯网络节点的父节点信息，为给定的输入属性计算输出属性 C_t 所取的类值概率为

$$P(C_t|A_{t-1}, A_{t-2}, B_t, B_{t-2}, C_{t-2})=$$
$$P(C_t)*P(A_{t-1}|C_t)*P(A_{t-2}|A_{t-1}, C_t)*$$
$$P(B_t|C_t)*$$
$$P(B_{t-2}|A_{t-1}, C_t)*P(C_{t-2}|A_{t-2}, C_t)$$

从给定的训练集中学习贝叶斯网络涉及找到性能最好的网络结构并计算 CPT。为了构建网络结构，我们首先为每个属性分配一个节点。学习网络连接涉及通过一系列可能的连接进行移动，并为给定的训练集计算网络的准确性。

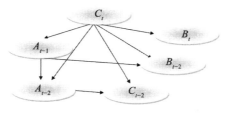

图 3-7　贝叶斯网络预测温度

贝叶斯网络对于不完全知识具有鲁棒性。通常，一些不完全知识的组合可以让我们得出

非常有力的结论。

3.2.9   支持向量机

支持向量机（SVM）是一种分类和回归预测工具，它使用机器学习理论来最大化预测准确性，同时可以自动地避免数据过度拟合。可以将支持向量机（有时称为支持向量网络）定义为在高维特征空间中使用线性函数分类的系统，使用优化理论的学习算法来进行训练，该优化理论可实现从统计学习理论中推导出的学习偏差。Cortes 和 Vapnik 发展了支持向量机的基础（Cortes 和 Vapnik 1995），并且由于 SVM 具有很好的应用前景，例如更好的实证性能，故而其已经获得了普及。

虽然 SVM 可以应用于各种优化问题（如回归），但是经典问题是数据分类。当分类需求很简单时，我们可以使用这个工具。基本思想如图 3-8 所示。数据点（样本）被确定为正面或负面的，问题是要找到一个超平面，使得以最大边距来分隔数据点。

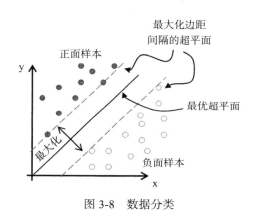

图 3-8   数据分类

图 3-8 仅显示数据点可线性分离的二维情况。需要求解的问题如下：

$$\min_{\vec{w}, b} \frac{1}{2} \|w\|$$
$$\text{s.t.} \ \ y_i = +1 \Rightarrow \vec{w} \cdot \vec{x}_i + b \geqslant +1$$
$$y_i = -1 \Rightarrow \vec{w} \cdot \vec{x}_i - b \leqslant -1$$

$$\text{s.t.} \ \ y_i \left(\vec{w} \cdot \vec{x}_i \right) + b \geqslant 1, \forall i$$

每个数据点 x_i 的分类值为 y_i，分类值仅可以取值 +1 或 −1（分别代表正面或负面）。求解得到的超平面如下所示：

$$u = \vec{w} \cdot \vec{x} + b$$

标量 b 也被称为偏差。

解决这个问题的标准方法是应用拉格朗日理论，将其转化为对偶拉格朗日问题。对偶问题定义如下：

$$\min_{\alpha} \Psi(\vec{\alpha}) = \min_{\alpha} \frac{1}{2} \sum_{i=1}^{N} \sum_{j=1}^{N} y_i y_j (\vec{x}_i, \vec{x}_j) \alpha_i \alpha_j - \sum_{i=1}^{N} \alpha_i$$

$$\sum_{i=1}^{N} \alpha_i y_i = 0$$

$$\alpha_i \geq 0, \forall i$$

变量 α_i 是相应数据点 x_i 的拉格朗日乘子。

SVM 中的分类是监督学习的一个例子。已知的标签可以帮助指出系统是否以正确的方式运行。该信息指向一个期望的响应，验证系统的正确性，或者用于帮助系统学习正确的操作。SVM 分类中的一个步骤需要识别哪些与已知类密切相关。这被称为特征选择或特征提取。即使不需要对未知样本进行预测，特征选择和 SVM 分类也有一定的用途。它们可以用来识别与分类相关的任何过程所涉及的关键集。

通过引入损失函数，SVM 也可应用于回归问题。必须对损失函数进行修改以使其包含距离度量。回归可以是线性的和非线性的。与分类问题类似，通常需要非线性模型来充分地模拟数据。与非线性 SVC 方法相同，可以使用非线性映射将数据映射到高维度特征空间，在此空间中进行线性回归。核方法再次被用于解决维数灾难问题。在回归方法中，需要基于问题的先验知识和噪声分布来进行考虑。

支持向量机是数据建模的有效方法之一。SVM 将泛化控制作为控制维度的技术。核映射为大多数的模型架构提供了一个通用基础，可以进行比较。支持向量机的主要优点是训练过程相对容易。与神经网络不同，SVM 没有局部最优。支持向量机可以较好地适应高维数据，可以明确地控制分类器复杂度与误差间的平衡。SVM 弱点是需要一个好的核函数。

3.3　无监督学习

在无监督学习中，我们处理未标记的数据或未知结构的数据。使用无监督学习技术，我们能够探索数据结构，以提取有意义的信息，不需要已知结果或回报函数来进行指导。

与监督学习相比，无监督学习技术可以学习更大更复杂的模型。这是因为在监督学习中，人们试图找出两组集合之间的联系。学习任务的难度在于学习时间呈指数增长，这就是监督学习在实践中不能学习具有深层结构的模型的原因。

在无监督学习中，学习过程可以有层次地进行，可以从观察层进入到更抽象的表示层。每个附加的层次结构仅需学习一步，因此在模型层次结构中，学习时间线性增加。

例如，你可以让一组肿瘤学家检查一组乳房图像，并将其分类为可能是恶性的（或不是），但分类结果并不是原始数据的一部分。无监督学习技术帮助分析人员识别需要进一步调查的数据驱动模式。

聚类是一种探索性的无监督技术，它允许我们将一堆信息组织成有意义的子集（群），而无须事先了解其成员。在分析过程中可能出现的每个集群定义了一组对象，它们具有一定程度的相似性，但与其他集群中的对象不相似，这就是聚类有时也被称为"无监督分类"的原因。聚类是结构化信息和推导数据间关系的流行技术；例如，它允许营销人员根据自己的兴趣发现客户群体，以便开发不同的营销方案。

3.3.1 Apriori 算法

Apriori 是一种用于频繁项集挖掘和关联规则学习的算法。为了进行预测分析，在给定的数据集中发现有趣的模式是很有用的，它可以作为估计未来趋势的基础。这指的是在给定的数据集中发现经常出现的属性 – 值关联。

我们假设 $A=\{l_1, l_2, \cdots, l_m\}$ 是一个项目集合，T 是一个交易集合，其中每个交易 t 是一个项目集合。因此，t 是 A 的子集。

如果 l_i 出现在 t 中，那么我们称交易 t 支持项目 l_i。如果 t 支持集合 X 中的每个项目 l_i，那么我们称 t 支持项目子集 $X \subseteq A$。如果 T 中一定比例的项目集合支持 X，并记为 $s(X)_T$，那么我们称项目集合 $X \subseteq A$ 支持 T。

支持可以被定义为小数支持，表示在 T 中支持 X 的事务的比例，也可以从支持 X 的项目的绝对数量来讨论。为了方便，我们将假定支持是 % – 支持。当 T 隐含时，我们通常会在表达式 $s(X)_T$ 中删除下标 T。

对于给定的交易数据库 T，关联规则定义为形如 $X \Rightarrow Y$ 的表达式，其中 X 和 Y 是 A 的子集。规则 $X \Rightarrow Y$ 的置信度为 $\tau\%$，如果 D 中有 $\tau\%$ 的项目支持 X，那么也有 $\tau\%$ 的项目支持 Y。规则 $X \Rightarrow Y$ 对交易集合 T 的支持为 σ，如果 T 中 $\sigma\%$ 的项目支持 $X \cup Y$。

每个查找关联规则的算法都假定基本的数据库非常大，需要多次遍历数据库。这个想法是为了实现所有的规则使其满足预先指定的频率和精度。在实际数据集中，频繁项集相对较少。例如，通常客户会购买整个产品系列的一小部分。如果数据集足够大，则不适用于内存算法。因此，我们的目标是尽可能少地读取数据。从数据中获取关联规则的算法通常将任务分成两部分——首先找到频繁项集，然后从频繁项集中形成规则。这意味着挖掘关联规则的问题可以分为两个子问题：

- 找出支持度大于 σ 的项目集，其中 σ 是用户指定的最小支持度。这些项目集被称为频繁项集。
- 使用频繁项集产生所需的规则。一般而言，如果 $ABCD$ 和 AB 是频繁项集，那么我们可以通过检查下述不等式来确定规则 $AB \Rightarrow CD$ 是否成立。

$$\frac{s(\{A, B, C, D\})}{s(\{A, B\})} \geqslant \tau$$

其中，其中 $s(X)$ 是 X 在 T 中的支持度。

令 T 为交易数据库，σ 是用户指定的最小支持度。如果下式成立，可称 $X \subseteq A$ 是 T 中关于 σ 的频繁项集。

$$s(X) \geqslant \sigma$$

如果该集合是频繁项集，并且不存在包含该频繁项集的频繁超集，那么我们称该频繁项集为最大频繁项集。

真实世界案例 7：学习市场营销中的关联规则

　　购物中心运用关联规则将物品放在一起，以便用户购买更多产品。在机器学习和数据挖掘的帮助下，企业现在考虑人们如何购买以及购买什么，从而更有效地布局商店。沃尔玛的"啤酒—尿布的故事"是一个很有名的例子。沃尔玛研究了其交易数据，发现在周五下午，买尿布的年轻男性也倾向于购买啤酒。因此，经理决定将啤酒放在尿布旁边，增加了啤酒销售量。

　　称一个集合为边界集，如果该项目集合不是频繁项集，且其所有真子集都是频繁项集的话。此外，如果 X 是不频繁项集，那么它应该有一个子集合为边界集。

　　对于给定集合 T，如果我们知道关于 σ 的所有最大频繁项集，那么我们可以找到所有频繁项集，而无须对数据库进行任何额外检查。因此，所有最大频繁项集的集合可以作为所有频繁项集的紧凑表示。但是，如果我们需要频繁项集以及它们在 T 中的支持值，那么我们必须多做一次数据库扫描来计算支持值，这是由于所有最大频繁项集是已知的。

　　最大频繁项集不一定是边界集的真子集。边界集的真子集的元素数量小于边界集，未必是最大项目集。因此，很难确定一组最大频繁项集与一组边界集的精确关系。然而，所有边界集和最大频繁项集不是任何边界集的真子集，但它们一起构成了频繁项集的增强表示。

　　Agrawal 和 Srikant 于 1994 年开发了 Apriori 算法（Agrawal 和 Srikant 1994），也被称为 level-wise 算法。这是广泛接受的用来寻找所有频繁项集的算法。它利用了向下的闭包属性。该算法是一种自下而上的搜索，在网格中逐级向上推进。但是，这个方法的一个有趣事实是，在每层级读取数据库之前，它会删除很多不太可能成为频繁项集的集合。一般来说，该算法的工作原理如下：

- 算法第一遍扫描数据库并对项目进行简单的计数，用以确定是否为频繁项集。
- 下述扫描（不妨记为第 k 次扫描）由两阶段构成。
  - （a）在第 $k-1$ 次扫描中发现的频繁项目 L_{k-1} 用于生成候选项目集 C_k，其使用下面所述的先验候选生成过程。
  - （b）扫描数据库，并计算候选项目集 C_k 的支持数。

　　为了快速计数，需要有效地确定交易集合 t 中所包含的 C_k 中的候选项目。候选项目集的集合需要修剪，以确保候选集的所有子集是目前已知的频繁项集。候选生成过程和修剪过程是该算法非常重要的部分，在下面对其进行了描述。

　　我们考虑 L_{k-1}，即所有 $(k-1)$ 频繁项集的集合。我们希望构造所有 k 频繁项集的超集。先验候选生成过程的内涵是，如果项目集 X 有最小支持度，则考虑 X 的所有子集。

　　先验候选生成过程如下所示：

$C_k=\{\}$
for all itemsets $l_1 \in L_{k-1}$ do
for all itemsets $l_2 \in L_{k-1}$ do
if $l_1[1]=l_2[1] \wedge l_1[2]=l_2[2] \wedge \cdots \wedge l_1[k-1] < l_2[k-2]$

then $c=l_1[1], l_1[2]\cdots\cdots l_1[k-1], l_2[k-1]$

$C_k=C_k\cup\{c\}$

下面描述了修剪算法，该算法修剪不符合第二条要求的候选集。

Prune (C_k)

for all $c\in C_k$

for all $(k-1)$-subsets d of c do

if $d\notin L_{k-1}$

then $C_k=C_k\backslash\{c\}$

修剪步骤通过支持计数，消除了（$k-1$）项目集扩展的非频繁项。

先验频繁项目集发现算法在每次迭代中使用这两个函数。它从 1 级开始向上移动到 k 级，在修剪之后没有候选集。经过修剪后，可以得到真正的频繁项。

Apriori 算法过程如下所示：

Initialize k:=1; C_1 all the 1-itemsets;

read the database to count the support of C_1, to determine L_1

L_1:={frequent 1-itemsets};

k:=2; //k represents the pass number

while ($L_{k-1}\neq\{\}$) do

begin

C_k:=gen_candidate_itemsets with the given L_{k-1}

prune (C_k)

for all transactions $t\in T$ do

increment the count of all candidates in C_k that are contained in

L_k:=All candidates in C_k with minimum support;

k:=k+1

end

众所周知，在事务数据库中搜索频繁模式被认为是关键的数据分析问题之一，Apriori 是解决这个问题的重要算法之一。开发处理大数据的快速高效算法成了一项具有挑战性的任务。为了应对这一挑战，可以制定 Apriori 算法的并行实现（一种 MapReduce 作业）。map 函数执行大小为 k 的每个潜在候选对象的计算过程，从而使 map 阶段以一种并行的方式实现所有潜在候选对象的计数。然后，reduce 函数执行计数的求和的过程。对于每一轮迭代，都可以执行这样的过程来实现对大小为 k 的潜在候选对象的计算。

3.3.2 *k*-means 算法

用于聚类分析的 k-means 方法是实践中最常用的方法。当我们有大量的群组需要分类时，这个方法是很有用的。k-means 方法有很多变体，本节描述的算法是由 MacQueen（1967）

首次发表的。该算法有一个预定义的集群数量的输入，被称为 *k*。"means"代表平均值：单个集群中所有成员的平均位置。

我们假设数据以关系表的形式表示，每行代表一个对象，每列为数据表列。我们所分析的数据表中的每个属性值代表了沿着属性轴到原点的距离。此外，为了使用几何学理论，数据集中的值必须都是数字。如果数据是不同类的，那么应该进行归一化处理，以便在多属性空间中获得充分的整体距离结果。*k*-means 算法是一种直接的迭代过程，其中重要的概念是质心。质心是空间中的一个点，表示单个集群的平均位置。此点的坐标是属于该集群的所有对象的各属性值的平均。重新定义质心和重新分配数据对象到集群的迭代过程仅需少数迭代便可收敛。*k*-means 方法的简单逐步描述如下：

步骤 1：随机选择 *k* 个点，作为 *k* 个集群质心的起点。

步骤 2：将每个对象分配到距离该对象最近的质心，形成 *k* 个单独的示例集群。

步骤 3：计算集群的新质心。对属于同一集群的对象的所有属性值取平均。

步骤 4：检查集群质心是否改变了坐标。

如果是，则重复第 2 步。

如果不是，集群检测完成，并且所有对象都定义了集群成员关系。

真实世界案例 8：市场价格模型

许多汽车制造商面临的挑战是为客户制定正确的价格报价。在机动车行业，汽车的子系统是由复杂的部件组装成的。每当设计一辆新车时，一些子系统需要在某种程度上被改变——从微小的调整到偶尔的新设计。这需要对汽车的子系统从材料到工程，再到制造，有一种深入的了解。利用所收集的数据可以开发这样的洞察力。*k*-means 聚类可以成功地用于快速识别不同潜在部分与制造总成本之间的关系。使用 *k*-means 聚类，可以通过各个类的每个属性的质心来确定准确定价。

现在，我们详细地讨论划分技术。

聚类的目的是获得比初始集更精确的子集。这意味着集群内的元素比原始域的元素要相似得多。一个划分 $T_1, T_2, \cdots, T_k$ 由质心 $z_1, z_2, \cdots, z_k$ 表示，使得下式成立：

$$x \in T_i \Longleftrightarrow \rho(x, z_i) \leqslant \rho(x, z_j), \, i, j = 1, \cdots, k$$

我们可以看到，即使在没有使用关于类的相关信息的情况下，*k*-means 算法也能够找到三个主要类。

质心用于估计杂质度，定义为如下形式：

$$J(z_1, z_2, \cdots, z_p) = \frac{1}{N} \sum_{i=1}^{k} \sum_{x^{(j)} \in T_i} \rho(x^{(j)}, z_i) = \frac{1}{N} \sum_{j=1}^{N} \min_{1 \leqslant i \leqslant k} \rho(x^{(j)}, z_i)$$

估计质心的方式不同，用于划分的算法（即 *k*-means 和 *k*-medoid）也将发生变化。在 *k*-means 算法中，集群 T_i 中的实际观测值的均值计算如下：

$$z_i = \frac{1}{N_i} \sum_{x^{(j)} \in T_i} x^{(j)}$$

其中，N_i 表示 T_i 中数据点的个数。

我们可以观察到一个有趣的特点，即 k-means 算法不会增加函数 J 的值。相反，如果任何簇发生变化，则 J 减小。由于 J 有下界，J 将收敛，因此算法也收敛。这也表明 k-means 算法将总是收敛到局部最小值。

算法中有两个关键步骤：确定所有点之间的距离以及重新计算质心。

k-means 方法的两个缺点是均值点可能与任何点都不接近，并且数据仅限于实数向量。

另一种算法是 k-medoid，其质心被选为该集群中最中心的元素。

即 $z_i = x^{(s_i)}$，并使得下式成立：

$$\sum_{x^{(j)} \in T_i} \rho\left(x^{(j)}, x^{(s_i)}\right) \leqslant \sum_{x^{(j)} \in T_i} \rho\left(x^{(j)}, x^{(m)}\right) \text{ for all } x^{(m)} \in T_i$$

3.3.3 用于数据压缩的降维

无监督学习的另一个子领域是降维。通常我们处理高维数据时——每个观察对象都伴随着大量的测量值——其将对有限的存储空间和机器学习算法的计算性能提出挑战。在特征预处理中，无监督降维是从数据中去除噪声的一种常用方法，这也会降低某些算法的预测性能。降维是将数据压缩到更小维的子空间上，同时保留大部分的相关信息。

高维数据集种类繁多，难以一次处理，如视频、电子邮件、用户日志、卫星观测甚至人类基因表达式。对于这样的数据，我们需要扔掉不必要且嘈杂的数据维度，只保留信息最丰富的维度。主成分分析（PCA）及其非线性扩展形式核 PCA（KPCA）是一种经典且经过深入研究的降维算法。假设数据是实数值的，则 PCA 的目标是将输入数据投影到较低维的子空间上，并尽可能保留数据的差异。

3.4 强化学习

强化学习是机器学习的一个分支，其致力于通过与外部世界交互获得的经验和评估反馈来提高系统做出行为决策的能力。

在监督学习中，我们假设每个输入都有一个目标输出值。但是，在许多情况下，可用的信息很少。在极端情况下，经过长时间的输入序列后，只有一点信息可用于判断输出是对还是错。强化学习是处理这种情况的一种方法。强化学习是用于理解、自动化目标导向学习和决策制定的一种计算方法。智能体遇到的问题在于必须通过与动态环境的试错交换来学习行为。基本上有两种解决强化学习问题的方法。首先是在行为空间中进行搜索，以找到一个在环境中性能良好的行为，这种方法已被遗传算法和遗传规划所采用；其次是使用统计技术和动态规划方法来估计在当前状态采取行动的收益。

强化学习有三个基本组成部分：

- 智能体：学习者或决策制定者。
- 环境：与智能体交互的一切，即智能体以外的一切事物。

- 动作：智能体能够做什么。

每个动作都与回报相关联。目标是让智能体选择动作，以便在一段时间内最大化预期的回报。

此外，强化学习系统（智能体）有四个组成部分：策略、回报（奖励）函数、价值函数和环境模型。

策略是智能体的决策功能。它是一种从环境的感知状态到在这些状态下采取动作的映射。这个策略是强化学习智能体的核心，因为它本身就足以决定行为。一般来说，策略可能是随机的，它指定了智能体在可能遇到的任何情况下应采取的动作。其他组成部分仅用于改变和改进策略。

回报函数定义了强化学习的目标。粗略地说，它将环境中的每个感知状态（或状态－动作对）映射到一个数字，即回报，以表明该状态的内在可取性。强化学习智能体的唯一目标是最大化长期所获得的总回报。回报函数定义了对智能体来说好的和坏的事件是什么。一个状态的值的含义如下：从这个状态开始，智能体在将来预期获得的累积回报。回报决定了环境状态的直接内在可取性。当考虑采取某些状态时，值表明状态的长期可取性和这些状态的回报。

一些强化学习系统的第四个也是最后一个要素是环境模型。环境模型用于模仿环境行为。例如，给定一个状态和动作，该模型将预测下一个状态和下一个回报。模型可以用于计划，我们指的是在经历实际情况之前，考虑可能的未来情况以制定动作决策。

术语"强化学习"和该技术的一些特征是从认知心理学中借鉴的，但近年来它在机器学习中越来越受欢迎。强化学习描述了如下的机器学习技术，系统通过一系列试错训练过程来学习策略以实现目标，在每次训练后获得回报或惩罚，并在未来的训练中学习这种"强化"。

形式上，强化学习问题如下：

- 智能体动作的离散集合，A；
- 环境状态的离散集合，S；
- 强化信号的标量集合，通常为 {0，1} 或实数。

智能体的目标是找到一个策略 π，将状态映射到行为，并最大化某些长期的强化测度。我们将把最优决策记为 π^*。在强化学习中，有多种技术用于在特定状态下选择所执行的动作。Q-学习是这些技术中较为传统的技术之一。

Q-学习属于强化学习类的"无模型"分支。为了学习最佳策略，Q-学习不需要智能体学习世界或环境模型（即，动作如何导致状态的变化，状态如何给予回报）。相反，智能体通过执行动作并感知它们产生的结果来与环境进行交互。在 Q-学习中，每个可能的状态－动作对都被赋予一个质量值或"Q-值"，并在特定状态下选择具有最高 Q-值的动作。

该过程如下进行。每次智能体处于一种环境状态。在一个给定的状态 $s_i \in S$ 中，智能体根据其策略 π 选择一个动作 $a_i \in A$ 并执行 a_i。执行这个动作会将智能体置于新状态 s_{i+1} 中，并接收与新状态关联的回报 r_{i+1}。Q-学习的策略按下述公式给出：

$$\pi(s) = \arg\max_a Q(s, a)$$

因此，通过学习函数的最优值 $Q^*(s, a)$，我们可以最大化总回报 r，从而学习到最优策略 $\pi^*(s)$。

在采取每个动作后，我们更新 $Q(s, a)$，以便它更好地接近最优值 $Q^*(s, a)$。我们用下面的公式来做到这一点：

$$Q(s_i, a_i):=r_i+\gamma\max_{a'}Q(s_{i+1}, a')$$

其中 γ 是折扣系数，$0 < \gamma < 1$。

在最初的几次训练过程中，智能体还没有学习到最优 Q- 函数，甚至也没有学习过最优 Q- 函数的粗略近似值。如果初始 Q- 值是上述情况，则初始动作将是随机的。然而，由于这种随机性，存在这样的风险：虽然 Q- 函数最终可能会收敛到该问题的解，但该算法可能找不到问题的全局最优解，这是由于它发现的初始路径可能是正确的，但不是到达目标的最优路径。因此，每个强化学习算法都需要对其环境进行一定的探索，如果有一个比已发现的更好的解决方案存在，那么算法可能会发现它。

一种标准方法是调节利用（利用已知的知识）和探索（希望学习新知识的任意行动）之间的平衡，用与其 Q- 值成比例的概率选择每个动作。特别地：

$$Pr\left(a_i\,|\,s\right)=\frac{T^{-Q(s, a_i)}}{\sum_j T^{-Q(s, a_j)}}$$

起初，温度 T 很高，随着学习的进行而下降。开始时，高值 T 可以确保采取一些与低 Q- 值相关的行动，即鼓励探索。随着 T 降低，多数行动都与高 Q- 值相关，即鼓励利用。这是我们使用的选择动作的方法。

我们注意到，Q- 学习对探索不敏感。Q- 值将会收敛到最优值，而与智能体收集数据时所采取的动作无关。这意味着尽管探索－利用问题必须在 Q- 学习中解决，但探索策略的细节不会影响学习算法的收敛。由于这些原因，Q- 学习是最受欢迎的，并且似乎是用于延迟强化学习的最有效的无模型算法。然而，它并没有解决大规模状态或动作空间的问题。此外，Q- 学习可能会很慢地收敛到一个好的策略。

与 Q- 学习一样，P- 学习是一种在特定状态下选择动作的技术。事实上，P- 学习与 Q- 学习几乎相同，除了表示每个状态－动作对的质量不是实数值。如果在给定状态下的动作是最优的，那么智能体记为 1。如果该动作不是最优的，则记为 0。形式上：

如果 $a\in\pi^*(s)$，那么 $P(s, a)=1$，否则 $P(s, a)=0$。

在实际中，P- 函数是根据 Q- 函数计算而得（Q- 函数也必须学习），但 P- 函数可以更加紧凑地存储并且日后也更容易使用。P- 函数以 Q- 函数的形式表示如下：

如果 $a\in\arg\max_a Q(s, a)$，那么 $P(s, a)=1$，否则，

$$P(s, a)=0$$

我们也可以通过类似的方程，将用于 Q- 学习选择动作的探索纳入到 P- 学习中：

$$Pr\left(a_i\,|\,s\right)=T^{-P(s, a_i)}\,/\,\mathbf{S}_j T^{-P(s, a_j)}$$

马尔可夫决策过程

强化学习与最优控制、统计和运筹学有着密切的联系。马尔可夫决策过程（MDP）是用于强化学习的常用模型。MDP假设智能体可以完全地观察到环境状态。如果不是这种情况，则可以使用一种更通用的模型，被称为部分可观察的MDP，以便解决状态不确定性，同时找到最大化长期回报的策略。

马尔可夫决策过程（Bellman1957）是建模和解决顺序决策问题的重要工具。MDP为模型决策提供了一个数学框架，在这种情况下，结果部分是随机的，部分由决策者控制。MDP源于20世纪50年代的随机最优控制研究，此后一直是该领域的关键。如今，MDP应用于各种领域，包括机器人技术、自动化控制、规划、经济和制造。

一个满足马尔可夫性质的强化学习任务被称为马尔可夫决策过程，或MDP。如果状态和动作空间是有限的，那么它被称为有限马尔可夫决策过程（有限MDP）。

有限MDP由其状态和动作集，以及环境的一步动态定义。给定任何状态和动作，S和a，每个可能的下一个状态s'的概率是：

$$P_{ss'}^a = \Pr\{s_{t+1}=s' \mid s_t=s,\ a_t=a\}$$

这些量被称为转移概率。同样，给定任何当前状态和动作，S和a以及任何下一个状态s'，则下一个回报的期望值是：

$$R_{ss'}^a = E\{r_{t+1} \mid s_t=s,\ a_t=a,\ s_{t+1}=s'\}$$

这些量，$P_{ss'}^a$和$R_{ss'}^a$，完全指定了有限MDP动态的重要方面。

在求解MDP问题时，我们总是试图获得最优策略，最优策略被定义为预期回报大于或等于所有状态的其他策略。MDP可以有多个最优策略。MDP框架是抽象且灵活的，并为解决许多重要的现实世界问题提供了工具。框架的灵活性使其不仅可以应用于许多不同的问题，而且可以以多种不同的方式应用。例如，时间步可以指任意连续的决策制定和执行阶段。这些动作可以是我们想要学习的决策，而状态可以包含对决策有用的任何东西。

3.5　案例研究：使用机器学习进行市场营销活动

一家知名家具公司希望扩大其营销策略，在网上展示产品广告。一个关键的挑战是创建一个从客户那里得到正确点击的活动。公司经理策划了不同的广告活动来吸引富有的客户。两个月后，分析团队告诉经理，哪些活动带来了最高的平均收入，甚至是顶级客户的数量；然而，经理更有兴趣知道哪些元素吸引了顶级购物者，以便进一步提升营销策略。

在这个时候，分析团队深入研究机器学习技术，通过找到自己无法看到的模式来解决问题。

例如，考虑到目标运动，他们希望为新婚夫妇提供新家庭所需物品的特别折扣——期望将他们最终变成忠诚客户。但主要问题是如何找到他们？于是，他们开始寻找近期结婚人的购买习惯。他们使用机器学习来检测结婚后的购买模式。然后，营销团队可以确保这些客户收到了带有特殊优惠的邮件。

制定学习规则的步骤如下：

1. 查找特征：考虑一个真实世界的问题并将其映射到电子表格中，这些列是一个活动的不同"特征"。行是数据点。每个广告的哪些特征导致了购买？他们看到了哪张照片（例如商标、产品）？他们点击了哪个平台（如 Google）？

2. 识别结果：在这里，分析师需要有一个合适的明确结果和一个负面的结果。这有助于机器找到最常导致正确结果的模式。例如，一个理想的结果是花费 500 欧元或更多，而一个负面的结果是低于 500 欧元。因此，一个简单的规则是：如果客户花费超过 500 欧元，那么我们使用的是"真"，如果不是，就为假。

3. 收集正确的数据：在这里，分析团队必须使用适当的 URL 变量标记广告中的每个链接，以便当潜在的购物者点击时，分析师需要知道将顾客带到网站的平台、广告和照片。接下来，他们必须将数据与特征结合起来。（但是如果他们没有正确的数据呢？思考！）

4. 选择合适的机器学习算法/工具：我们现在知道有几种机器学习算法。让我们回忆一下 3.1 节的后半部分，以及在你的要求下选择合适的机器学习算法的关键问题。每一种机器学习算法都有它自己的用例，这些用例可以产生一些非常复杂的模型来帮助你预测。好的特征可以使得一个简单的模型击败复杂的模型。在这个案例研究中，你可以选择一个模型，它可以明确地告诉你从机器学习的角度来看什么是有效的：决策树。

5. 拆分数据：拆分对于生成两个集合是非常重要的：一组用于学习的数据，另一组用于测试。通常，学习数据要比测试数据大得多。例如，分析团队使用了 1200 个项目用于学习，然后在 300 个项目上进行测试。最终的目的是检查机器所构建的模型是否在测试数据上起作用。

6. 运行机器学习算法：例如，在 R 中使用决策树工具/包。

7. 评估结果：分析师必须通过一些解释来评估输出文件。

8. 最后，采取行动：机器学习营销系统将自动遵循规则，并继续使用新的数据运行树，以优化结果并改进预测结果。这就是机器学习变得非常有趣的地方，随着时间的推移，它最终会在一个系统中发生变化并自我完善。

从这些步骤中，可以看到使用机器学习策划营销计划所需的准备工作，这样我们就可以向计算机辅助营销自动化采取措施。

3.6 练习

1. 假设我们有一个大规模的训练集。在测试中使用 k- 近邻方法，说出一个缺点。
2. 什么是决策树？在 ID3 算法中，预期的信息增益是什么，它是如何使用的？什么是增益率，使用增益率与过度使用预期信息增益相比优点是什么？描述可以用来避免决策树过度拟合的策略。
3. 在某些领域开发一个训练样例表，例如按物种对动物进行分类，并通过 ID3 算法追踪决策树的构建。

4. 在大多数学习算法中，训练所需的计算时间很长，应用分类器所需的时间很短。最近邻算法正好相反。如何减少查询所需的计算时间？

5. 解释 *k*-means 算法的原理。描述应使用或不应使用 *k*-means 的情况。

6. 用决策桩（单层决策）解释 AdaBoost 的原理。给出一个 AdaBoost 可以学习的数据集的例子，以及一个不是最优的数据集。

7. （项目）探索 AdaBoost 如何用于人脸检测。它是如何训练的？特征是什么？如何应用？

8. 强化学习算法可以解决什么问题？这种技术的优点和缺点是什么？

9. （项目）使用你选择的编程语言实现 Apriori 算法，并根据所选择的任何示例运行 Apriori 算法。

10. 学习理论可以分为以下几个部分：

（1）假设空间。

（2）假设的表示。

（3）关于假设的偏好准则，独立的数据。

（4）假设与给定数据拟合程度的度量。

（5）为给定数据集找到一个好的假设的搜索策略。

对于所选择的机器学习方法，请解释它们各自的含义。

参考文献

Agrawal, R., & Srikant, R. (1994). *Fast algorithms for mining association rules in large databases.* In Proceedings of the 20th international conference on very large data bases. Santiago: VLDB.

Akerkar, R., & Lingras, P. (2007). *Building an intelligent web: Theory & practice.* Sudbury: Jones & Bartlett Publisher.

Bellman, R. (1957). A Markovian decision process. *Journal of Mathematics and Mechanics, 6,* 679–684.

Breiman, L. (2001). Random forests. *Machine Learning, 45*(1), 5–32.

Breiman, L., Friedman, J., Olshen, R., & Stone, C. (1984). *Classification and regression trees.* Belmont: Wadsworth.

Cortes, C., & Vapnik, V. (1995). Support-vector networks. *Machine Learning, 20*(3), 273–297.

Friedman, N., Geiger, D., & Goldszmidt, M. (1997). Bayesian network classifiers. *Machine Learning, 29,* 131–163.

Good, I. (1992). *The estimation of probabilities: An essay on modern Bayesian methods.* Boston: M.I.T. Press.

Langley, P., Iba, W., & Thompson, K. (1992). *An analysis of Bayesian classifiers.* Proceedings of the tenth national conference on artificial intelligence. s.l.: AAAI Press.

MacQueen, J. (1967). *Some methods for classification and analysis of multivariate observations.* In Proceedings of 5th Berkeley symposium on mathematical statistics and probability. s.l.: University of California Press.

Mitchell, T. (1997). *Machine learning.* s.l.: McGraw Hill.

Nilsson, N. (1996). *Introduction to machine learning.* s.l.:Department of Computer Science, Stanford University.

Oza, N. (2004). *Ensemble data mining methods.* NASA.

Pearl, J. (1988). *Probabilistic reasoning in intelligent systems.* San Francisco: Morgan Kaufman.

Quinlan, R. (1986). Induction of decision trees. *Machine Learning, 1,* 81–106.

Quinlan, R. (1993). *C4.5: Programs for machine learning.* San Francisco: Morgan Kaufmann.

Witten, I., & Frank, E. (2005). *Data mining: Practical machine learning tools and techniques* (2nd ed.). San Francisco: Morgan Kaufmann.

第 4 章

模 糊 逻 辑

4.1 引言

　　集合被定义为共享共同特征的一组实体。从集合的正式定义中，可以很容易地确定一个实体是否为该集合的成员。通常，当一个实体完全满足该集合的定义时，则该实体是该集合的成员。这样的成员属性在本质上是确定的，并且非常清楚的是一个实体属于或不属于该集合。没有中间情况。因此，经典集合处理二态情况且将隶属资格（隶属度）结果设置为"真"或"假"，这种类型的集合也被称为分明集合。换句话说，一个分明集合总是有一个与之相关的预定义的边界。成员必须在边界内，才能成为集合的有效成员。一个典型的例子是一个班级的学生人数，即"学生"。学生通过支付学费注册和遵守规则成为班级"学生"的有效成员。班级的学生是资格属性清晰的，有限的和非负的。这里有一些分明集合的示例。

- 有限集合示例：所有小于 10 的非负整数。显然，集合包含 0、1、2、3、4、5、6、7、8 和 9。

- 无限集合示例：小于 10 的所有整数集合。有许多小于 10 的数字。如 9，8，7，6，5，4，3，2，1，0，−1，−2，等等。该集合是无限的，但是可以确定一个数字是否是该集合的成员。

- 空集：地面上的活鱼集合。很明显，这个集合没有成员，因为鱼不能活在地面上；因此该集合被称为空集。

　　与分明集合或经典集合不同，模糊集合允许实体在集合中拥有部分隶属资格。严格且完全地满足模糊集合定义的实体显然是模糊集合的一部分，但不严格遵循定义的实体在某种程度上也是模糊集合的成员，具有部分真值。完全且严格满足隶属标准的实体的真值为 1。完全且严格地不满足隶属标准的实体的真值为 0。这是两个极端的归属示例；1 表示完全属于，0 表示完全不属于。部分属于模糊集合的实体通常被赋予 0 ~ 1 之间的值，这些值被称为隶属值。考虑到这一点，我们可以说模糊集合是给定变量 / 域的分明集合的超集。很明显，模糊集合不具有尖锐的边界，而是一个开放的边界，因为它允许集合的部分隶属资格。

　　模糊逻辑以模糊集合为基础。"模糊逻辑之父"Lofti Zadeh（1965）认为，许多现实生活中的集合都是以开放或无边界的方式定义的。他不是仅坚持变量的"真"值和"假"值，而是引入了从假值到真值的逐渐提升。也就是说，隶属值不是只有两个值，而是在这两个极端之间引入了许多值。该工作还将模糊集合理论和模糊逻辑作为模糊理论的扩展。Lofti Zadeh 确定了典型模糊集合的特征，如下所示：

- 任何逻辑系统都可以模糊化。
- 模糊逻辑为一个集合提供了部分隶属度，对于一个模糊集合 / 逻辑，每一个归属都是程度问题。
- 模糊方法中的推理被认为是一种近似推理，并被视为一般推理的延伸。
- 知识被解释为一组弹性的集合，或等价地，对变量集合的模糊约束。
- 推理被看作是一种传播弹性约束的过程。

确实，我们通常潜意识地使用开放边界对事物进行分类。像"豪华轿车""难题""年轻人"这样的术语在我们的日常生活中可以自由使用。对于人们来说，很容易理解它们的含义和意义，但是没有模糊集合和模糊逻辑的帮助，机器不能处理这类词汇。需要借助映射函数将模糊值转换为其等价的分明值（模糊化），反之亦然（解模糊化）。这就是合适的模糊隶属函数，通过对这些值进行解模糊化和模糊化来帮助用户友好的交互。

我们通过一个例子来阐明模糊集合和分明集合的概念。考虑一组身高。如果一个人身高 5 英尺 6 英寸，那么这个人被认为是高个子。这是对高个子人的清晰定义。在这种情况下，如果一个人的身高矮 1 英寸（甚至更矮），他似乎第一眼看上去是个高个子，但不具备成为高个子集合成员的资格。进一步地，身高 3 英尺 5 英寸（相当矮）的人与身高 5 英尺 4 英寸的人被同等对待。根据集合的严格定义，上述二者都不适合高个子集合。模糊集合通过给候选元素分配部分归属性值来解决这些问题。在这里，身高 5 英尺 4 英寸的人也是高个子集合中的成员，但不是完全的，其隶属度值接近 1（比如 0.9）。同样，3 英尺 5 英寸的人也是高个子集合中的成员，其隶属度值接近 0（比如 0.2）。接近 1 的隶属度值对模糊集合有更强的归属性，接近 0 的隶属度值显示对该集合的归属性较差。如图 4-1 所示。

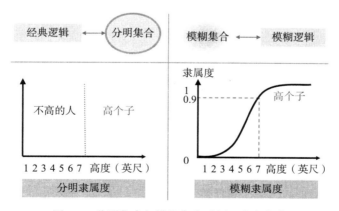

图 4-1　分明集合与模糊集合示例：身高集合

值得注意的是，一个模糊集合的成员也可以是另一个模糊集合的成员。这意味着身高 5

英尺4英寸的人是高个子模糊集合的成员，其隶属度值为0.9；同时此人也是矮个子模糊集合的成员，其隶属度值为0.1。从这个意义上说，模糊集合的隶属关系并不完备。由于模糊集合没有清晰的边界，因此存在模糊性。

我们给出模糊集合的正式定义。

域 U 中的模糊集合 A（包含所有可考虑的元素）被定义为一组顺序对，每个对包含一个元素及其隶属度，如下所示。

$$A = \{(X, \mu_A(X)), \text{其中 } X \in U \text{ 且 } \mu_A(X) \in [0, 1]\}$$

高个子的模糊集合可以正式定义如下。我们将这个集合命名为 F_Tall，表示这是一组个子很高的人的集合。

$$\text{F\_Tall} = \{(X, \mu(X)), 0 <= \mu(X) <= 1\}$$

4.2 模糊隶属函数

确定某人 X 是否属于高个子集合（T）的等级隶属度 μ，被定义为一个正式的隶属函数，如下所示：

$\mu_T(X) = 0$ 如果 X 的身高 $\leqslant$ 4.5 英尺

$\mu_T(X) = (X$ 的身高 $-4.5)$ 如果 4.5 英尺 $<$ X 的身高 $\leqslant$ 5.5 英尺

$\mu_T(X) = 1$ 其他情况

隶属函数有助于将数据转换为模糊值，反之亦然。也就是说，一旦你知道了隶属函数和隶属度，你就可以找出近似的数据值。同样，如果你知道隶属函数和数据值，你也可以找出隶属度。

图4-1为高个人群的单一模糊隶属函数；然而，一个域上的多个模糊隶属函数可以以综合方式呈现，并且每个函数都可以与一个名字关联。图4-2在身高的公共域上，给出了综合模糊隶属函数。

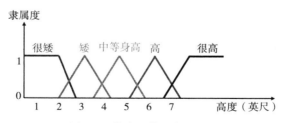

图 4-2　综合的模糊隶属函数

如图4-1和4-2所示的例子，"高度"是语言变量，并且具有"高""矮"或"平均"等值。定义上的一些变化引入了模糊限制，如"不很高"或"稍矮"。

隶属函数（MF）是模糊集合理论的基石，将一个数值映射到与其等价的模糊值，反之亦然。模糊隶属函数可能具有不同的形状，例如三角形、梯形或高斯，这取决于如何定义模糊隶属度。此外，隶属函数可以是连续或离散的。我们给出一些类型的模糊隶属函数。

4.2.1 三角形隶属函数

如果隶属函数曲线遵循三角形形状，则该隶属函数被称为三角形隶属函数。模糊函数 A 被称为三角模糊函数（$A = (a, \alpha, \beta)$），如果具有峰值（中心）a、左宽度 $\alpha > 0$ 以及右宽度 $\beta > 0$，并且具有下述形式：

$$A(x) = 1-(a-x)/\alpha, \text{ 若 } a-\alpha \leqslant x \leqslant a$$
$$= 1-(x-a)/\beta, \text{ 若 } a \leqslant x \leqslant a+\beta$$
$$= 0, \text{ 否则}$$

如图 4-3 所示。

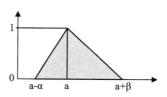

图 4-3 三角形模糊隶属函数

4.2.2 梯形隶属函数

如果隶属函数曲线遵循梯形形状，则该隶属函数被称为梯形隶属函数。其函数（$A = (a, b, \alpha, \beta)$）具有容许区间 [a, b]、左宽度 α 以及右宽度 β，且具有下述形式：

$$A(x) = 1-(a-x)/\alpha, \text{ 若 } a-\alpha \leqslant x \leqslant a$$
$$= 1, \text{ 若 } a \leqslant x \leqslant b$$
$$= 1-(x-b)/\beta, \text{ 若 } a \leqslant x \leqslant b+\beta$$
$$= 0, \text{ 否则}$$

如图 4-4 所示。

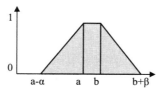

图 4-4 梯形模糊隶属函数

4.2.3 高斯隶属函数

高斯隶属函数由 c 和 σ 定义，其中 c 代表隶属函数的中心，σ 决定隶属函数的宽度。函数如下定义：

$A(x) = \hat{e}(-(x-c)^2/2\sigma^2)$；其中 c 是隶属函数的中心，σ 是隶属函数的宽度。如图 4-5 所示。

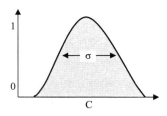

图 4-5　高斯模糊隶属函数

4.2.4　sigmoid 隶属函数

sigmoid 函数定义如下：

$A(x) = 1/(1 + \exp(-a(x-c)))'$；其中 a 为控制斜率，*x*=c 为分界点。

sigmoid 函数在一端是开放的，因此非常适合显示极端情况，如"非常大"。如图 4-6 所示。

图 4-6　sigmoid 模糊隶属函数

真实世界案例 1：旅游业模糊决策

　　旅游行业中，电子商务在行业发展和改善服务方面发挥着重要作用。另一方面，将电子商务技术与智能技术相结合，为满足人类需求的灵活性提供了独特的能力。旅游业与模糊逻辑方法和电子商务技术相结合，推动了这个行业的进一步发展，特别是能更好地满足顾客的需求。通过输入与客户兴趣和需求有关的数据，最终目标是找到一种简单适用的方法来寻找合适的旅游计划，来建议各种可用套餐并提供适当的住宿。例如，可以使用标准方法进行模糊决策，然后再尝试在计算方面非常简单的欧几里得距离方法。

4.3　隶属值分配方法

　　图 4-1 和 4-2 所示的模糊隶属函数示例是由在日常事务中对个人身高的经验和观察决定

的。有几种方法可以确定这种隶属函数。它们可以基于共同的观察（如上所述）、直觉、自然演化、一些逻辑（推理）和一些排名。

直觉法一般遵循基本的常识。根据个人经验和专业知识，可以直观地设计隶属函数。图4-1和4-2中所示的隶属函数便是这一类的经典例子。

基于逻辑的方法，如推理和演绎推理，也可用于开发隶属函数。遗传算法和神经网络也用来获取模糊隶属函数。使用遗传算法从随机选择的隶属函数中演化出合适的隶属函数；利用人工神经网络对数据点进行聚类。

真实世界案例 2：能源消耗

分析还可以用于内部操作。在典型工业中，能源消耗约占总成本的 65%。但是，通过更有效地使用能源可以很好地控制成本。目前，智能数据可以帮助管理人员为其企业构建能源概况。有一些软件解决方案可以从多个来源收集数据，包括天气数据、电费以及建筑物的能源消耗，以便创建一个全面的建筑能源概况。通过基于模糊逻辑的预测分析算法，该软件可以微调来自电网或电池模块的电力。

4.4　模糊化与解模糊化方法

通过明确定义的隶属函数，可以将数值转化为与其等价的语言值的过程称为模糊化。在图 4-1 所示的例子中，高度隶属值 4 英尺 3 英寸将被转换为"隶属值为 0.5 的高个子"。同样，通过定义好的隶属函数，将语言值转换为等价的数值的过程称为解模糊化。表 4-1 总结了流行的解模糊化方法。

表 4-1　解模糊化方法

方法	描述
质心法	解模糊化的质心法考虑模糊隶属函数所代表的曲线，并返回曲线下方区域的中心。这是解模糊化中最有吸引力的方法。该方法通过剪切或缩放的联合，考虑了组合输出模糊集。然后，模糊集合推导出由组合输出模糊集表示的形状的质心
sum 中心法	与使用联合操作构建组合集不同，sum 中心法使用剪切 / 缩放模糊集合之和，然后计算所得形状的质心
单值隶属函数方法	这种简单的方法考虑与隶属函数关联的数值，并计算所有模糊集合的加权平均值
加权平均法	该方法考虑单个剪切或缩放的模糊集合，取每个模糊集合的峰值，并计算对应这些峰值（相对峰值）数的加权总和
均值最大化方法	该方法计算对应于最大模糊值的数的均值

4.5　模糊集合操作

模糊集合还支持集合之间的并集、交集以及补集等操作。设 A 和 B 是域 U 上的模糊集合。模糊集合 A 和 B 的操作描述如下。

4.5.1　模糊集合的并集

模糊集合 A 和 B 的并集记为 $A \cup B$，定义如下：

$$\mu_{A \cup B}(X) = \max [\mu_A(X), \mu_B(X)]，对所有 X \in U$$

如图 4-7a 所示，给出了 2 个模糊集合的并集。

4.5.2　模糊集合的交集

模糊集合 A 和 B 的交集记为 $A \cap B$，定义如下：

$$\mu_{A \cap B}(X) = \min [\mu_A(X), \mu_B(X)]，对所有 X \in U$$

如图 4-7b 所示，给出了 2 个模糊集合的交集。

可供选择地，与取最小值不同，乘积也可以用来实现 2 个集合间的相交运算。在这种情况下，交运算定义如下：

$$\mu_{A \cap B}(X) = \mathrm{mul} [\mu_A(X), \mu_B(X)]，对所有 X \in U$$

进一步地，如果 A 和 B 是有效的模糊集合，并且 $A \subset B$ 和 $B \subset A$ 同时成立，那么称集合 A 和集合 B 等价，记为 $A=B$。即，$A=B$ 当且仅当对任意 $\forall x \in X$ 有 $\mu_A(X) = \mu_B(X)$ 时成立。

除了最小值和乘积之外，常用的模糊相交定义还包括概率积、有界积和 Hamacher 积。

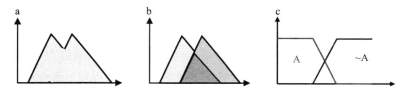

图 4-7　模糊集合的操作：（a）模糊集合并集；（b）模糊集合交集；（c）模糊集合补集

4.5.3　模糊集合的补集

与模糊集合并集和模糊集合交集不同，补集操作不需要两个操作数，而只需一个操作数。模糊集合的补集定义如下：

$$\mu_{A'}(X) = 1 - \mu_A(X)，对所有 X \in U$$

模糊集合 A 的补集如图 4-7c 所示。

诸如代数和、代数积等，受等价的经典操作启发，可以定义模糊集合上的有界差分以及有界和等。这些操作的定义见表 4-2。

表 4-2　模糊集合上的操作

模糊集合操作	描述	定义
并集	模糊集合 A 与模糊集合 B 的并集	$\mu_{A \cup B}(X) = \max [\mu_A(X), \mu_B(X)]$，对所有 $X \in U$
交集	模糊集合 A 与模糊集合 B 的交集	$\mu_{A \cap B}(X) = \min [\mu_A(X), \mu_B(X)]$，对所有 $X \in U$
		可供选择地，诸如乘积、概率积、有界积等运算都可用于执行模糊集合的交操作

（续）

模糊集合操作	描述	定义
补集	模糊集合 A 的补集或否	$\mu_{A'}(X)=1-\mu_A(X)$，对所有 $X\in U$
等价	检查给定的模糊集合 A 与模糊集合 B 是否等价	当且仅当对任意 $\forall x\in X$，有 $\mu_A(X)=\mu_B(X)$ 成立
代数和	从总和中减去来自模糊集合 A 和 B 的对应模糊值的乘积	代数和记为 $\mu_{(A+B)}(X)=\mu_A(X)+\mu_B(X)-(\mu_A(X)*\mu_B(X))]$，对所有 $X\in U$
代数积	模糊集合 A 和 B 中，两个对应的模糊值相乘	代数积记为 $\mu_{(AB)}(X)=\mu_A(X)*\mu_B(X)$，对所有 $X\in U$
有界和	模糊集合 A 和 B 中，两个对应模糊值的总和；如果超过 1，则限制为 1	有界和记为 $\mu_{(A\,XOR\,B)}(X)=\min[1,\mu_A(x)+\mu_B(X)]$ 对所有 $X\in U$
有界差分	模糊集合 A 和 B 中，两个对应模糊值的差；如果小于 0，则限制为 1	有界差分记为 $\mu_{(A\diamond B)}(X)=\max[0,\mu_A(x)-\mu_B(X)]$，对所有 $X\in U$

参考下面的示例，说明如何使用模糊集合的交集。

问题说明：考虑到一组图书 B。某本书可购性的隶属函数 A 定义如下：

$A=0$，　　　　　　　　如果此书价格高于 4 999

$A=1-\{$ 价格 $/500\}$，　　否则

分别考虑下述 6 本书的价格（美元）：5 000，400，300，150，400，100。也需考虑这些书模糊的质量指标（记为 Q），分别如下：1，0.5，0.8，0.6，0.2，0.3。计算集合 B 中每本书的可购性。还可以发现一本既经济实惠又高质量的书。

求解：上述问题涉及 6 本不同的书。我们将这些书命名为书籍 1、书籍 2、书籍 3、书籍 4、书籍 5 和书籍 6。显示这些书籍的可购性，隶属函数值如下。

$A=\{0/$ 书籍 1，0.2/ 书籍 2，0.4/ 书籍 3，0.7/ 书籍 4，0.2/ 书籍 5，0.8/ 书籍 6$\}$

Q 表述书籍质量，如下所示。

$Q=\{1/$ 书籍 1，0.5/ 书籍 2，0.8/ 书籍 3，0.6/ 书籍 4，0.2/ 书籍 5，0.3/ 书籍 6$\}$

如表 4-3 所示，模糊集合 A 和模糊集合 Q 的交集由最小运算定义，并计算交集点值（并放置于"值得购买"栏下）。

表 4-3　书籍质量与可购性交集

书籍	价格（美元）	质量	可购性	值得购买
书籍 1	5 000	1	0	0
书籍 2	400	0.5	0.2	0.2
书籍 3	300	0.6	0.4	0.4
书籍 4	150	0.6	0.7	0.6
书籍 5	400	0.2	0.2	0.2
书籍 6	100	0.3	0.8	0.3

需要指出的是，上述模糊集合上的操作在本质上是定义明确并且十分清晰的。但是，不仅模糊集合，有时模糊集合上的操作都可能是模糊的。这样的模糊操作符在搜索大规模数据

库（如 Web）时会有很大的帮助。在搜索时，我们通常使用布尔运算符，如 AND 和 OR，例如黑色 AND 白色。在实际中这样做时，我们的意思是更黑，少白！典型的 AND 操作非常严格，并且对两种颜色都赋予同等权重。OR 较宽松，自由地允许两种颜色。AND 操作将被稀释，OR 操作要稍微严格。布尔运算符的这种行为可以通过模糊 AND 和模糊 OR 运算来实现。在 Web 上使用智能搜索引擎时，这些模糊操作对其很有帮助。

4.6 模糊集合性质

模糊集合遵循可交换性、结合性、可分配性、幂等性、对合性、传递性和德摩根定律等性质。模糊集合性质类似于分明集合的性质，但有一些例外。表 4-4 为典型的模糊集合性质列表。Takashi Mitsuishi 等（2001）描述了许多这样的特性。

表 4-4　模糊集合性质

性质	定义（其中 A 和 B 都是有效的模糊集合）	性质	定义（其中 A 和 B 都是有效的模糊集合）
可交换性	$A \cup B = B \cup A$;	同一性	$A \cup \varnothing = A$ 和 $A \cup \{全集\} = \{全集\}$;
	$A \cap B = B \cap A$		$A \cap \varnothing = \varnothing$ 和 $A \cap \{全集\} = A$
结合性	$A \cup (B \cup C) = (A \cup B) \cup C$;	对合性（双重否定）	$(A')' = A$
	$A \cap (B \cap C) = (A \cap B) \cap C$	传递性	若 $A \leq B \leq C$ 则 $A \leq C$
可分配性	$A \cup (B \cap C) = (A \cup B) \cap (A \cup C)$;	德摩根定律	$(A \cup B)' = A' \cap B'$;
	$A \cap (B \cup C) = (A \cap B) \cup (A \cap C)$		$(A \cap B)' = A' \cup B'$
幂等性	$A \cup A = A$;		
	$A \cap A = A$		

4.7 模糊关系

两个实体间用于说明元素是否相互关联的关系一般是分明的。但是，这种关系的强度通常没有被度量。下面给出这种分明关系的例子。

- 与员工相关的机器。
- 已婚的人。
- 货币与国家，例如，美国与美元，印度与卢比。

所有这些例子都说明了不同域的两个要素之间的分明关系。如果 X 与 Y 结婚，直到合法离婚，那么 X 与 Y 完全结婚。换言之，X 与 Y 结婚或不结婚。没有中间状态。

模糊关系识别两个不同域实体之间的模糊关系。用笛卡儿乘积表示的这种模糊关系也被称为模糊关系集合。模糊关系定义如下。

模糊关系 R 是集合 $\{X_1, X_2, X_3, \cdots, X_n\}$ 笛卡儿乘积的模糊集合，其中 $\{x_1, x_2, x_3, \cdots, x_n\}$ 可能具有不同模糊隶属度 $\mu_R(x_1, x_2, x_3, \cdots, x_n)$。即

$$R\{X_1, X_2, X_3, \cdots, X_n\} = \int \mu_R(x_1, x_2, x_3, \cdots, x_n) | (x_1, x_2, x_3, \cdots, x_n), \quad 其中\ x_i\ 属于\ X_i$$

集合 X 和集合 Y 的模糊关系也被称为二元模糊关系，可以表示为 $R(X*Y)$ 或者 $R(X,Y)$。如果 X 和 Y 等价，那么可以记为 $R(X^2)$。集合 X 和 Y 的模糊关系 R 记为 $R(X,Y)$，可以表示如下形式的矩阵。

$$R(X,Y) = \begin{Bmatrix} \mu_R(x_1,y_1), & \mu_R(x_1,y_2), & \cdots\cdots & \mu_R(x_1,y_m) \\ \mu_R(x_2,y_1), & \mu_R(x_2,y_2), & \cdots\cdots & \mu_R(x_2,y_m) \\ \multicolumn{4}{c}{\cdots\cdots\cdots\cdots\cdots\cdots\cdots\cdots} \\ \multicolumn{4}{c}{\cdots\cdots\cdots\cdots\cdots} \\ \mu_R(x_n,y_1), & \mu_R(x_n,y_2), & \cdots\cdots & \mu_R(x_n,y_m) \end{Bmatrix}$$

这个矩阵也被称为模糊关系矩阵或模糊关系 R 的简单模糊矩阵。模糊关系 R 取值范围 $[0,1]$。根据这种二元模糊关系，也可以建立一个模糊图。第一组 X 的每个元素与另一组 Y 的元素连接。这种连接以图方式显示。每个连接都有一个权重系数，即是非零的模糊值。模糊图结构见图 4-8 所示。

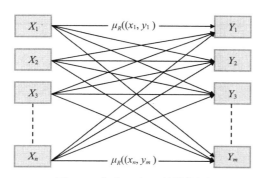

图 4-8　集合 X 和 Y 的模糊图

对于模糊关系，还可以应用诸如并集、交集和补集等操作。并集定义为相应值的最大值，交集定义为相应值的最小值或乘积，而补集定义为 1- 相应模糊值。考虑下面的例子。

模糊关系操作示例

考虑下述机器集合 M 和人员集合 P，定义如下：

$M = \{$ 域内的机器集合 $\}$

例如，$M = \{m_1, m_2, m_3, \cdots, m_n\}$，其中 n 为有限数；

$P = \{$ 人员集合 $\}$

例如，$P = \{p_1, p_2, p_3, \cdots, p_n\}$，其中 n 为有限数；

如果集合 M 中的机器被集合 P 中的人员使用，则可以将名为 R 的关系定义为 $M*P$，且用"通常很舒适"短语来标识。这里，R 是 $M*P$ 的子集。关系如下所示：

$$(p_1, m_1), (p_2, m_2), \cdots, (p_n, m_n)$$

我们考虑三个人，即 p_1、p_2 和 p_3，以及三台机器 m_1、m_2 和 m_3。"通常很舒适"的值（记为 C），也是以矩阵形式确定和呈现的，如表 4-5 所示。

表 4-5   "通常很舒适"关系表

C	m_1	m_2	m_3
p_1	1.0	0.4	0.7
p_2	0.3	1.0	0.6
p_3	0.7	0.6	1.0

我们考虑同一组人和机器之间的另一种关系，说明给定机器中所需软件和工具的可用性。我们将这种模糊关系记为 A。表 4-6 给出 A 关系的值。

表 4-6   "所需软件可用性"关系表

A	m_1	m_2	m_3
p_1	0.8	0.3	1.0
p_2	1.0	0.0	0.4
p_3	0.4	0.8	0.1

人们普遍认为，人们愿意与他们熟悉的机器一起工作。同时，也需要为所熟悉的机器提供必要的软件。在这里，可以使用交集操作。

交集操作记为 $(C \cap A)$，被定义为 C 和 A 关系中相应元素的最小值，如下所示。

$$\mu C \cap A\,(x, y) = \min\,(\mu C(x, y),\ \mu A(x, y))$$

由上式生成的矩阵如表 4-7 所示。

表 4-7   同时包含"通常很舒适"和"所需软件可用性"关系表

A	m_1	m_2	m_3
p_1	0.8	0.3	0.7
p_2	0.3	0.0	0.4
p_3	0.4	0.6	0.1

模糊关系具有投影、自反性、对称性、传递性和相似性等性质。

对于与数据科学有关的活动，可以用模糊图表示数据和事件之间的模糊关系。可视化处理大量信息可以使理解和沟通变得容易。模糊图通常使用模糊矩阵来表示。

数学上，图 G 定义如下。

$G = (V,\ E)$；其中 V 是顶点集合，E 是边集合。

如果图 G 中，弧的值属于 [0,1] 之间，那么该图是模糊图。如果图中弧的所有值都是分明的（0 或 1），则该图被称为分明图。也就是说，模糊图是顶点对到模糊值的函数。定义如下。

模糊图 $G = (\sigma, \mu)$ 是一对函数，$\sigma: V \rightarrow [0,1]$，其中 V 是顶点集合，$\mu: V*V \rightarrow [0,1]$，$\forall x, y \in V$。

图 4-9 给出了表 4-5 中给出的模糊关系的模糊图。

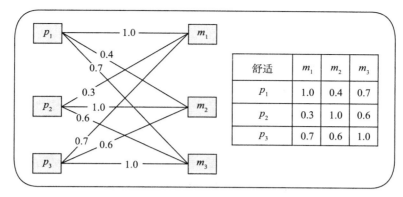

图 4-9　由模糊关系"通常很舒适"得出的模糊图

4.8　模糊命题

如果一个语句的真值为正数（1）或负数（0），那么该语句被称为命题。遵循相同的定义，如果一个语句得到一个模糊的真值，而不是诸如 0 和 1 这样分明的值，那么该语句就被称为模糊命题。命题 P 的真值为 $T(P)$。$T(P)$ 的值不是只有两个分明的值，而是在 [0,1] 范围内。下述为一个示例。

命题 P：X 女士是高个子。如果 X 的高度大于 5.4 英尺，则 $T(P)=0.9$。另一个例子是 Q：X 女士具有 0.8 的经验丰富值。$T(P)$ 和 $T(Q)$ 值可以按照与模糊变量高度和经验相关联的隶属函数计算。

许多这样的模糊命题在逻辑上相互联系，并产生复合命题。下一节介绍带有示例的模糊连接词。

4.8.1　模糊连接词

否定（~）、析取（∪）、合取（∩）和蕴含（⇒）可用于模糊连接词，其对应的操作定义如下：

4.8.2　析取

析取函数从给定的模糊命题值中考虑最大真值。因此，它可以由并集函数定义。

$$X 是 A 或者是 B$$
$$那么 X 是 A \cup B$$

"X 是 $A \cup B$"的含义由 $\mu_{A \cup B}$ 给出。前面讨论的最大运算符可以用于并集运算。给出一个例子。考虑如下 P 和 Q：

$$P \rightarrow X 女士个子高$$
$$Q \rightarrow X 女士经验丰富$$
$$P \cup Q \rightarrow X 女士个子高或者 X 女士经验丰富$$

假设 X 女士希望获得一个体育类的资格（如篮球），则她要么个子高，要么有丰富的经验（如果她个子不高）。

4.8.3 合取

合取通常是指同时发生的事件或联合的行为。因此，合取的意义是由以下的交集函数给出的。

$$X 是 A$$
$$X 是 B$$
$$则 X 是 A \cap B$$

"X 是 $A \cap B$"的含义由 $\mu_{A \cap B}$ 给出。前面讨论的最小运算符可以用于交集运算。给出一个例子。考虑如下 P 和 Q：

$$P \rightarrow X 女士个子高$$
$$Q \rightarrow X 女士经验丰富$$

由合取操作产生的命题如下：

$$P \cap Q \rightarrow X 女士个子高且经验丰富$$

在这种情况下，为了让 X 女士在运动项目中被选中，她必须是高个子且有经验。

4.8.4 否定

否定（取非）的含义由补集函数给出，定义为 $1-\mu A$。我们考虑前面的命题 P，即"X 女士个子高"。P 命题的否定如下所示。

$$P \rightarrow X 女士个子高$$
$$那么 \sim P \rightarrow X 女士个子不高$$

4.8.5 蕴含

"蕴含"的含义由否定与交集函数给出。

$$如果 X 是 A$$
$$Y 是 B$$
$$那么 X 是 B$$

$A \Rightarrow B$ 的含义由 $\max(1-(\mu A)(\mu B))$

$$P \rightarrow X 女士个子高$$
$$Q \rightarrow X 女士经验丰富$$

那么 $P \Rightarrow Q$：如果 X 女士个子高，那么 X 女士经验丰富。

4.9 模糊推理

模糊推理是一种将输入映射至相应输出的机制。它可以通过两种方式实现：向前和向后。在向前机制的情况下，检查一组可用的数据，以验证是否有可能使用现有的数据集进行总结。在向后的机制中，为了进行推理，设计一个假设，并与可用的数据进行匹配。模糊推理机制为不精确和不确定信息的推理提供了有力的框架。推理过程被称为广义演绎推理（GMP）和广义的否定后件（GMT）。

GMP 如下所述：

规则：P 是 A，那么 Q 是 B；

给定：P 是 A'；

根据规则和给定的事实，可以推出 Q 是 B'。

GMT 如下所述：

规则：P 是 A，那么 Q 是 B；

给定：Q 是 B'；

根据规则和给定的事实，可以推出 Q 是 A'。

示例如下：

草莓非常红；

如果草莓是红色的，那么草莓就成熟了；

因此结论可以是"草莓非常成熟"。

4.10 基于模糊规则的系统

在图 4-1 和图 4-2 的例子中，"高度"是语言变量，它取值为"高""矮""平均""不很高"或"稍矮"等值。这种语言变量可以用于控制结构，如 if-then-else 规则。一些模糊规则的例子如下。

如果一个人的高度值是"高"，那么去游戏区 A；

如果一个人的高度值是"矮"，那么去游戏区 B。

通过添加语言参数，可以增强简单的 if-then-else 逻辑规则的能力和灵活性。模糊规则通常用以下形式表示：

IF（如果）模糊变量 IS（是）模糊集合，THEN（那么）采取动作。

上一节中定义的 AND、OR 和 NOT 运算符（也被称为 Zadeh 运算符）适用于这些规则。形成这样的多重规则来定义合理的逻辑，以便做出明智的、类人的决策。这种基于模糊集合的逻辑称为模糊逻辑。一个模糊规则可以使用多个语言变量，每个变量对应一个不同的模糊集合。一个使用模糊规则作为主要决策结构的系统被称为基于模糊规则的系统。这种规则的存储库被称为系统的规则库。为了通过系统给定的规则推出结论，应使用推理机制。推理引擎可以使用向前或向后的推理策略，根据可用的事实或假设进行推断和求解。向前推理将可用数据应用于来自规则库的合适规则，以实现目标并完成决策过程。在向后推理中，做出假设并以反向方式进行比较，用以匹配现有数据。图 4-10 给出了系统的一般结构，并显示了典型的基于模糊逻辑的系统的其他组件。

由 Ebrahim Mamdani（1974）、Tomohiro Takagi 及 Michio Sugeno（1985）提出的基于模糊规则的系统模型也成了特定企业中使用模糊逻辑的规则系统的流行模型。

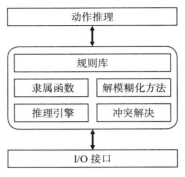

图 4-10　模糊规则系统的典型结构

此外，除了使用经典模糊逻辑表示"部分"真值的"多值"，也可以选择"有限多值"方法；例如七值模糊逻辑，其中"真"与"假"之间的值被分成七个离散类。这些类还提供通用的描述性名称（例如最低、较低、低和中等）或七个特定领域的语言值。这也可以看作是对模糊逻辑的微小贡献。

模糊逻辑主要通过合适的隶属函数将模糊值映射为等价的数值。也就是说，年轻度映射至年龄，高度映射至身高。然而，尽管许多属性在决策过程中起着关键作用，但是很难将它们映射到与其等价的数值。对于这种变量，需要模糊到模糊的映射。这个概念被定义为 2 型模糊逻辑。2 型模糊逻辑最初由 Lotfi Zadeh（1975）进行实验，以复杂的方式处理更多的不确定性。很明显，机器最终需要一个数值，因此需要一个类型转换器作为附加组件（Sajja 2010）。

真实世界案例 3：个性化和最优的健身体验

模糊逻辑有助于进行类人决策。通过模糊方法，专家知识和其他与运动相关的大数据可以被整合到可穿戴设备中，而且这些数据可以持续更新。将这种能力与用户可穿戴设备和用户已知的健康状况结合起来，云端存储的数据会产生个性化和最优的健身体验。例如，可穿戴设备正在收集实时的心率数据，如果它判断用户的心率异常，则该设备能够在用户罹患严重心脏病之前提醒其看医生。

4.11　数据科学的模糊逻辑

无论数据规模大小，数据只有在智能方式下才有用！正确的技术、智能的集成、更大（和未来）图片可视化以及目标驱动能够将数据转换为智能数据，从而取得更大的成功。很多时候数据是不完整的、模糊的。模糊逻辑有助于处理缺失数据并获取更好、更全面的情况。孤立地说，片面的真理或事实将毫无意义。模糊逻辑方法有助于将这些数据与适当的实体（如附加事实或推断证据）联系起来。有了这样的方法，人们就可以找到近乎完全的真相，这比传统的方法有效得多。此外，部分真实数据更容易被揭示，而且它们可以作为真相的线索。这是人类通常的思维方式。模糊逻辑的应用有益于数据的清洗、处理、可视化和分析等数据科学活动。

模糊逻辑因其处理语言参数的能力以及处理部分和不确定信息的能力而变得流行起来。通过处理很多不确定的数据，人们可以判断情况。换句话说，部分事实的轨迹引导我们接近完整的真理。模糊逻辑可以提供各种好处，如下所示。

- 使用语言变量，这比传统（纯符号或数字）系统更有优势。
- 处理不精确和部分数据。
- 它可以补充丢失的数据。
- 具有简单性（用于开发和理解）和灵活性，使用较少的规则来处理复杂的情况。
- 可以模拟任何复杂的非线性函数。
- 具有营销优势。
- 开发时间更短。
- 更接近人类的思考和推理。
- 模糊逻辑本质上具有鲁棒性；对环境的变化不是很敏感。

此外，模糊逻辑使我们能够高效灵活地处理大数据中的不确定性，从而更好地满足现实世界对大数据的应用需求，并提高组织数据库的决策质量。这一领域的成功展现在很多方面，如模糊数据分析技术和模糊数据推理方法。特别地，模糊逻辑的语言表达和处理能力是一种独特的工具，它可以巧妙地将符号智能和数字智能连接起来。因此，模糊逻辑有助于将大数据中的学习从数值数据级扩展／转化为知识规则级。大数据还包含大量非结构化的、不确定和不精确的数据。例如，社交媒体数据本质上是不确定的。

本节重点介绍模糊逻辑在 Web 上管理各种数据的应用。在以下实例介绍中，请谨记以 Web 挖掘为目标。

真实世界案例 4：股市技术分析

股票交易中的决策实践非常复杂。交易员用几个技术指标来研究市场趋势，并根据他们的观察做出买卖决定。本案例是将模糊推理应用于股票市场，在技术分析中运用四个指标来辅助决策过程，以便处理概率问题。四个技术指标可以是指数平滑移动平均线（MACD）、相对强弱指数（RSI）、随机指标（KD）以及能量潮指标（OBV）。模糊规则是对每个指标的交易规则进行组合，这些指标作为模糊系统的输入变量，并且对于所使用的四个技术指标其也定义了隶属函数。输出结果是买入、卖出或持有。

4.11.1   应用 1：Web 内容挖掘

Web 内容挖掘处理多媒体内容的挖掘，通过完全或部分自动的方式从 Web 中识别和提取概念层次结构和关系。可以设计基于模糊逻辑的查询，这对于终端用户而言更自然和友好。这样的模糊查询可以使用模糊语言变量（如接近、平均、大约和几乎）以及域变量。如前所述，搜索引擎中用于查询的布尔运算符也可以被稀释（如逻辑 AND 函数）并被加强（如逻辑 OR 函数）。此外，通过模糊逻辑的方法以模糊的方式接受用户的反馈，从 Web 上提取信息和挖掘有用模式的过程将变得更具有交互性。Web 搜索结果可以被进一步过滤和挖掘，以便知识发现。我们考虑在搜索结果中进行文本挖掘、图像挖掘和一般多媒体文件挖掘的专门技术。一种令人兴奋的 Web 挖掘方法如下所述。在第一阶段，系统接受用户模糊和自然的查询。在第二阶段，系统处理查询，建立多个线程并分配线程，使得在多个搜索引擎上搜索预期的信息。在第三阶段，来自不同线程的各种搜索引擎的信息被收集在一个共同的地方，并对所需的知识进行过滤 / 挖掘。这些阶段如图 4-11 所示。

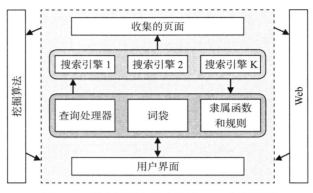

图 4-11   带有模糊自然查询的 Web 内容挖掘

不仅是传统 Web，语义 Web 也可以从模糊逻辑的方法中获益。模糊概念图（FCG）等工具可用于语义 Web 平台上的内容表示，使得内容可以用于机器处理。

4.11.2   应用 2：Web 结构挖掘

Web 结构挖掘的目的是从以超链接表示的网络结构中发现有用知识。超链接存在于 Web 页面中，并将用户重定向到其他页面 / 资源。我们可以形成这种超链接的树或图结构，并以一种有意义的方式遍历它。Web 结构挖掘确定了 Web 文档之间的关系，并以链接图的形式呈现这种关系。通过访问这样的 Web 图或结构，可以计算网页的相对重要性。Google 搜索引擎使用类似的方法来发现网页的相对重要性，并根据重要性对搜索结果进行排序。Google 使用的这种 Web 结构挖掘算法被称为 PageRank 算法，由 Google 创始人 Sergey Brin 和 Lawrence Page（1998）发明。

模糊逻辑通常用于根据用户兴趣、内容的可用性以及应用的性质将大规模数据分类进集群。为了便于这种定制的分类，通常使用模糊的用户配置文件。通过交互式界面（或任何动态方法），系统了解用户的兴趣并将信息建模为精心设计的概要文件。如果这些数据在 Web 平台上，则网络爬虫程序生成的数据存储库被视为数据的输入源。大型网络爬虫程序通常会将其获取的页面内容转储到存储库中。在实际中动态地获取、编译页面并给出页面排名是不可行的。页面排名应该预先编译并存储到存储库中。这个存储库被许多系统用于根据题目或主题对内容进行分类，构建一个超链接的图表，用于对内容进行排序和分析 / 挖掘等。模糊逻辑也适用于这个存储库。通常，网页相关信息（例如元数据和 robot.text 文件）可能包含显示内容或网页的性能和可用性的模糊指标。针对这个方向，如果提前思考，我们便可以找出使用模糊逻辑对网页进行排名的不同机制。

对于使用模糊逻辑进行修改后的页面排序算法，可以进行如下操作。

- 设置个性化添加的过滤器。
- 开发上下文依赖矩阵。
- 需要提出一种语言关键字处理机制，以缩小结果。

此外，网页排名算法可以是加权算法，其根据用户配置文件对权重进行个性化设置。有时，包含元数据的标签也会分配给链接。图中边的权重可以为模糊值。这些模糊值显示了相应链接的重要性。由于大多数数据库和工具都以 XML 文件格式对 Web 信息进行编码，因此可以设计用于 XML 的模糊标签，并且可以为这些模糊 XML 文档开发挖掘技术。在模糊逻辑的帮助下，这是一个令人印象深刻的想法。在这里，关注得更多的是标签和结构，而不是内容。对于标准的基于本体的文档也可以这样做。如果没有使用 XML 或标准本体来对 Web 信息进行编码，则可以考虑在 Web 上挖掘 HTML 文档。模糊有向图也可用于 Web 结构挖掘，使得返回一条最优路径来浏览网页。在 Web 结构挖掘的基础上，我们不仅可以发现之前未知的 Web 页面间的关系，还可以用模糊逻辑对其重要性进行排序。如果一个网站（或一组相关网站）的结构是已知的，那么就能很容易地导航并推荐其他有用的网站和服务。例如，结构挖掘可以用于识别两个企业网站间的映射，可以帮助批发商和零售商以及可能的客户，从而改善 Web 导航和有效浏览。这也可以帮助企业吸引更多的流量并扩大业务。

4.11.3　应用 3：Web 使用挖掘

Web 使用挖掘跟踪用户在 Web 上的事务和交互。这样的信息日志通常保存在服务器上，并且提供如访问日志、用户配置文件、服务器上信息查询等信息。Web 日志挖掘可以考虑典型的摘要，如请求摘要、域摘要、事件摘要、会话摘要、错误和异常摘要、引用组织摘要和第三方服务或代理的摘要。根据日志，将流行和有用的网站信息进行隔离，并用于自动建议和趋势分析。在这里，可以用模糊的方式来代替文档聚类、网站聚类和用户聚类。如 Web 个性化（通过考虑用户的日志和使用）、用户配置文件、会话配置文件、应用程序概要、基于信任的推荐系统、入侵检测等技术可以通过基于模糊逻辑的方法进一步加强。图 4-12 给出了一个应用程序示例。

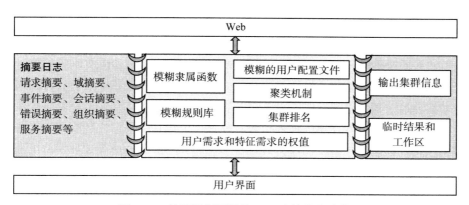

图 4-12　使用模糊逻辑的 Web 个性化和聚类

模糊关联规则挖掘技术也可以用于 Web 使用挖掘，以确定通常哪些 URL 被一起请求。这可以与相应的模糊知识映射或模糊认知映射相结合。此外，还可以使用模糊关联规则来预测访问路径；可以通过挖掘书签、推荐和带有模糊值的电子邮件通信来丰富 Web 使用挖掘。

4.11.4　应用 4：环境和社交数据处理

环境数据难以处理，这是由于这些数据的特点，如数据规模（空间数据和长时间序列数据）和异质性（由于不同的数据资源、不同的结构和目标如定量和定性度量、不可数的数据、随机变量的不确定性、不完整数据等）。这种环境数据是不可比较的，因为其所使用的方法是近似的或模糊的专家知识。为了管理环境数据，可以将如模糊聚类和模糊 kriging（Salski 1999）等技术与模糊知识建模结合使用。在系统的知识库中，可以使用模糊语言变量，如"植被类型的多样性"和"区域数量"可以具有"高""低"或"平均"等值。

类似地，对于遥感数据，为了获取 GIS 信息和基于知识的图像解释，模糊逻辑可用于分析遥感数据。通过传感器网络收集的数据也可以执行类似的程序。通过使用环境和基础设施数据，模糊逻辑可以用于智能交通控制系统，以便检测交通是否繁忙。

模糊集合也可以用于从社交网络平台中挖掘意见。一般而言，研究者通常使用图来表示社交数据。这种图可以有模糊权重，以进行自定义的处理和遍历，也可以在遍历和推荐实体（特别是物联网，IoT）时引入信任系数。这种方法也可以包括在各种链接之间创建模糊的情感集合以促进产品或实体。

对于社交网络分析，正如 Naveen Ghali 等人所建议的那样（2012 年），可以开发模糊指标。一些参数，如亲密度（网络中，个体直接或间接地接近所有其他节点的程度）、网络密度（网络连通性的度量）、网络中节点的本地或全局中心性（一个节点如何与其他节点关联）以及节点的中间状态等可以与模糊指标中相应的模糊权重一起考虑。这些指标可作为社交网络分析中非常好用的工具。类似地，社交网络的性能也可以通过诸如有效性、效率和多样性等参数的模糊指标来检查。

除上述情形外，社交网络平台还有一些普遍存在的内在问题，如不确定性和数据缺失等，因此需要有效的可视化技术。使用模糊集合和图，可以在一定程度上解决这些问题。识别社交网络平台上的恐怖活动，发现作者网络中的引用（如 DBLP[⊖]），基于模糊信任系数推荐产品，这些都是模糊逻辑在社交网络平台上的应用示例。

另一个类似的领域是医疗数据处理和挖掘。医疗数据在本质上往往是不明确的，并且在不同层次上含有不精确性。此外，医疗数据包括多媒体数据，例如医学成像和图。

模糊逻辑还可以与其他技术结合使用，如人工神经网络和遗传算法。通常，人工神经网络用于对非线性可分数据进行分类。对于复杂和模糊的数据，直接向神经网络提供这种非标准化的数据是不可取的。在这里，模糊逻辑有助于将数据转换为所需的形式。人工神经网络和模糊逻辑的结合提供了这两个领域的双重优势。此外，神经网络除了处理可以通过模糊逻

⊖　dblp.uni-trier.de/

辑有效处理的模糊和不确定数据之外，没有解释和推理的能力。

4.12　用模糊逻辑进行数据科学活动的工具和技术

有几种工具可以帮助开发基于规则的模糊系统。基于 Java 的工具，如 Funzy[⊖]和模糊引擎[⊖]；基于 R 的软件工具，如 FRBS[⊜]和 SFAD；基于 Python 的模糊工具，如 pyfuzzy[®]，以及其他工具和库，如 MatLab[®]，这些工具可用于为感兴趣的领域开发不同的基于模糊规则的系统。

模糊逻辑工具（FLT）是另一种 C++ 框架，它基于 Takagi-Sugeno 模型（Takagi 和 Sugeno 1985）存储、分析和设计通用的多输入多输出的模糊逻辑系统。

BLIASoft 知识发现[®]是一款是用于数据挖掘和决策的新软件，该软件使用模糊逻辑对复杂的流程进行建模、理解和优化。BLIASoft 支持理解、处理、建模、优化和可视化数据，并支持诸如客户行为、欺诈预测以及自然现象预测等应用。这个软件基本上是一款数据挖掘工具；然而，它为数据科学提供了模糊逻辑和人工智能技术的支持。

机器学习框架也可用于从数据中开发可理解的计算模型[⊕]。它通过面向对象的 C++ 编程语言，使用基于模糊逻辑的机器学习方法。它还提供了与 Mathematica 软件集成的方法。

名为 Predictive Dynamix[®]的软件为各领域的预测、预测建模、模式识别、分类和优化等应用提供了计算智能工具。

真实世界案例 5：应急管理

在不确定、缺失和模糊信息的条件下，应急管理是决策制定中最具挑战的应用示例之一。即使在一些极端情况下，如灾难的性质是已知的，准备计划也已就位，对应急管理程序的分析、评估和模拟已经执行，灾难带来冲击的程度和数量级都对应急管理提出了巨大的需求。因此，提高应急准备和灾难缓解能力的关键是在不确定的情况下采用严格的数据收集、信息处理和决策制定方法。基于模糊逻辑的方法是最有效的应急缓解技术之一。基于模糊逻辑的应急方法的优点是，它能够通过低模糊隶属度来记录可能性较低的事件，并在收集到新信息时更新这些值。

⊖　https://code.google.com/p/funzy/

⊖　http://fuzzyengine.sourceforge.net/

⊜　http://cran.r-project.org/web/packages/frbs/index.html

⊗　http://pyfuzzy.sourceforge.net/

⊕　http://www.mathlab.mtu.edu/

⊗　http://www.bliasoft.com/data-mining-software-examples.html

⊕　http://www.unisoftwareplus.com/products/mlf/

⊗　http://www.predx.com/

4.13　练习

1. 说明隶属函数的特征。
2. 概述模糊集合论和模糊逻辑术语的含义，以及它们如何用于解决人工智能（AI）系统的不确定性。它们在多大程度上可以用于所有类型的不确定性，还是仅用于特定类型？
3. 解释随机性与模糊性之间的区别。
4. 用神经网络和遗传算法解释生成隶属函数的方法。
5. 详细说明以下句子："当变量是连续的，或者数学模型不存在时，使用模糊逻辑最合适"。
6. 考虑一维数据集 1,3,4,5,8,10,11,12。我们用模糊（2-均值）聚类方法和模糊函数 m=2 处理这个数据集。假设聚类中心初始化为 1 和 5。交替执行计算和聚类，即 a）计算初始聚类中心的数据点的隶属度；b）根据前一步获得的隶属度计算新的聚类中心。
7. （项目）调查并说明模糊逻辑在解决实际问题时的各种优缺点。
8. （项目）预测是数据挖掘的优势之一，可使企业能够更好地计划并超额完成目标。预测可以实现更高效的招聘、采购、准备和计划。考虑所选择的企业 / 部门（如酒店行业）并使用模糊逻辑方法来支持业务预测。

参考文献

Brin, S., & Page, L. (1998). The anatomy of a large-scale hypertextual web search engine. *Computer Networks and ISDN Systems, 30*(1–7), 107–117.

Ghali, N., Panda, M., Hassanien, A. E., Abraham, A., & Snasel, V. (2012). Social networks analysis: Tools, measures. In A. Abraham (Ed.), *Social networks analysis: Tools, measures* (pp. 3–23). London: Springer.

Krause, B., von Altrock, C., & Pozybill, M. (1997). Fuzzy logic data analysis of environmental data for traffic control. *6th IEEE international conference on fuzzy systems* (pp. 835–838). Aachen: IEEE.

Mamdani, E. H. (1974). Applications of fuzzy algorithm for control of simple dynamic plant. *The Proceedings of the Institution of Electrical Engineers, 121*(12), 1585–1588.

Mitsuishi, T., Wasaki, K., & Shidama, Y. (2001). Basic properties of fuzzy set operation and membership function. *Formalized Mathematics, 9*(2), 357–362.

Sajja, P. S. (2010). Type-2 fuzzy interface for artificial neural network. In K. Anbumani & R. Nedunchezhian (Eds.), *Soft computing applications for database technologies: Techniques and issues* (pp. 72–92). Hershey: IGI Global Book Publishing.

Salski, A. (1999). Fuzzy logic approach to data analysis and ecological modelling. *7th European congress on intelligent techniques & soft computing.* Aachen: Verlag Mainz.

Takagi, T., & Sugeno, M. (1985). Fuzzy identification of systems and its applications to modeling and control. *IEEE Transactions on Systems, Man, and Cybernetics, 15*(1), 116–132.

Zadeh, L. A. (1965). Fuzzy sets. *Information and Control, 8*, 338–353.

Zadeh, L. A. (1975). The concept of a linguistic variable and its application to approximate reasoning. *Information Sciences, 8*, 199–249.

第 5 章
人工神经网络

5.1 引言

　　智能是有效解决问题和受众的关键资源。无论是什么行业，只要增加了智能和洞察力，它就可以提供高回报，并提升产品、服务和决策的质量。智能可以被定义为一种获取知识的能力，并且具有以正确方式运用知识和技能的智慧。智能也被定义为通过识别不同解决方案中的相似性以及类似情况下的不同性进而快速、灵活地进行响应的能力。一些平凡的行为，如平衡、语言理解和知觉被认为是具有高度智能的活动；这些动作对于机器来说很难。另一方面，动物的一些复杂行为被认为是非智能活动。人们曾对黄蜂（一种既不是蜜蜂也不是蚂蚁，但与这两者类似的昆虫）进行过一个有趣的实验，发现它在搜索和保存食物时表现得非常复杂。该实验在一个关于图灵的网站上进行了介绍[⊖]。根据这个实验，一只雌黄蜂负责收集食物并将食物放在洞穴附近，然后进入洞穴检查是否有入侵者。如果一切安全，黄蜂就会出来，把食物放进洞穴。在实验过程中，食物从原来的位置移动了几英寸。黄蜂没有找到几英寸外的食物，而是寻找新的食物，再次将食物放在洞穴附近并重复这个过程。这种行为很复杂，但非智能。除了前面提到的普通任务之外，专家问题的解决和科学任务，如定理证明、故障排查和游戏玩法等也属于智能类。

　　有时，人们希望机器在没有人类控制的情况下，能以智能的方式工作，以减轻人类决策的负担。致力于机器智能化的领域被称为人工智能。如前几章所述，人工智能（AI）是一个定义上较宽松的领域。人工智能研究使人类变得智能的能力和特征，确定由人类执行会更好的任务，并试图通过机器来模拟这些活动。人工智能使用启发式方法（实用的，经验法则）、符号操作和非算法方法。

　　很明显，智能是管理复杂且大型的企业的关键。为了支持业务活动并以智能和自动化的方式管理与业务相关的数据，需要智能系统的支持。尽管如专家系统等智能系统非常有用，但它们也带来了一些难题。智能系统的主要难点在于知识的抽象和动态性，知识的数量，知识获取和表达的局限性，以及缺乏模型发展的指导原则和标准。有一些可用的生物启发技术，可以从适当的结构和示例数据集中学习。人工神经网络（ANN）就是这样一种生物启发

　　⊖ http://www.alanturing.net/

式技术。ANN 支持从复杂和庞大的数据中自我学习；因此，它最适合处理大数据。这种技术可用于突出复杂数据中的隐藏模式，将大量数据分到不同的类中（借助预定义的类或甚至没有），并突出数据中有意义的模式。

本章阐述了符号学习技术的困难，并以生物启发式介绍了人工神经网络技术。本章讨论了用于设计人工神经网络的各种模型，包括 Hopfield 模型、感知器模型及其变体、以及 Kohonen 模型。本章还讨论了指导原则和实用的启发式方法，这对设计一个选择域的神经网络非常有帮助。本章的最后还给出了实现所设计的神经网络的工具和实用程序。还有一个列表，包括免费、开源的工具和软件包。为了说明如何使用神经网络技术来管理社交网络平台上的复杂数据，我们讨论了在 Web 上进行情绪挖掘的案例。还为那些希望在社交网络平台上实现情感挖掘的人员提供了神经网络和训练数据集示例的架构以及结构。人工神经网络通过适当的结构和样本训练数据，来帮助从大量数据中进行自动学习。此外，我们还讨论了过度拟合的问题。总的来说，这是一个非常活跃的研究领域。

5.2   符号学习方法

显然地（如前几章所述），智能需要各种知识。一些知识的例子有领域知识、常识知识、知识的知识（元知识）、隐性知识以及显性知识。因此，收集大量的知识并将其存储在知识库中是非常必要的。通常，用于收集知识的程序被称为知识获取程序。由于知识的复杂性和量级，完全实现知识获取程序的自动化十分困难。一旦收集到知识，经过一些初步处理和验证之后，必须将其存储到知识结构中。知识结构（如规则、语义网、框架和脚本等）在使用时可以是相同的。也可以选择混合知识表示结构，例如在框架和脚本中嵌入规则。研究者设计了推理机制（参考现有知识并推断新知识）。当知识以符号的方式呈现在知识库中，知识的这种表现形式被称为知识的符号表示。此外，还需要开发如解释和推理、用户界面以及自学等的组件。在完成开发并整合程序后，用适当的测试案例对基于知识的系统进行测试。这些阶段如图 5-1 所示。

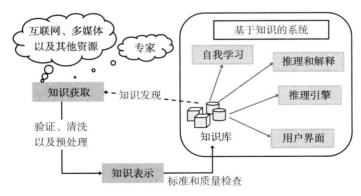

图 5-1   使用符号表示知识的智能系统开发

上述方法一个漫长的过程，并且需要很多的努力。然而，知识可能很快就会过时，开发系统付出的努力很可能是徒劳的。而且，在开发这样的系统时存在许多问题和限制。第一个问题是缺乏合适的知识获取方法和工具。获取知识的方法很少。多数情况下，我们通过采访、调查问卷、记录评论以及观察等方式获取知识。同样，我们缺少有效的知识表示结构和推理机制。计算机辅助软件（CASE）工具的缺乏也给知识系统的开发带来了一些限制。

在许多情况下，数据是可用的，但是很难从数据集推导出通用的规则。可以得出这样的结论：这种系统的质量依赖于知识工程师（或专家）的理解和掌握，他们从收集的数据中识别出一般知识。此外，一个基于知识的系统一旦使用符号知识表示进行开发，就不会包含新的动态数据。最重要的是，这种系统的开发工作和成本很高。表 5-1 列出了这些困难。

表 5-1　符号表示知识的主要困难

限制	描述
知识的本质	知识的本质非常抽象和复杂
	知识本质上是动态的，并且不断变化
	知识很难表征
知识量	解决一个简单的问题，需要大量的知识；例如为了在棋牌游戏机上移动，需要完整的游戏知识
知识获取	可用的知识获取方法很少
	由于知识和类型的本质（如隐性知识和潜意识的知识），知识获取过程的自动化非常困难
	知识的主要来源是领域专家，这是该领域的稀有商品
知识表示	反映到知识库中的知识是工程师的知识；
	默许的，隐含的，以及潜意识的知识很难表示
	需要将大量知识有效地表达到知识结构中，这会在知识存储中产生障碍
工具和指导原则	在整体开发模型、方法和工具上可用的支持很少
动态数据存储	一旦收集到所需的知识，就很难改变知识库的内容；虽然通过自我学习和推理机制产生新知识；但是，难以管理外部数据
成本–效益比	收集的知识很快就会过时；在这种情况下，与其预期收益相比，这种系统的开发成本很高

为了克服上述限制，研究者推荐了一种在广泛的体系结构上，自动地从大量样本数据中学习的方法。5.3 节描述了这种方法。

5.3　人工神经网络及其特点

正如前一节所述，知识的符号表示具有局限性。为了克服这些限制，人们使用了基于人工神经网络的方法。

人工神经网络是一种受大脑运作方式启发的预测模型。我们想象一下，人类的大脑是连接在一起的神经元的集合。每个神经元观察其他神经元的输出，进行计算，然后触发（如果计算超过某个阈值）或不触发。人工神经网络可以解决各种各样的问题，如手写识别和人脸检测，人工神经网络在深度学习中得到了广泛的应用，这也是数据科学的一个分支。

人工神经网络由大量相互连接的神经元组成。每个神经元都是对人类神经系统中生物神经元的模拟。生物神经元被认为是神经系统的基本单位。生物神经元具有细胞核、细胞体以及与神经系统其他神经元的连接。一个典型的生物神经元的结构如图 5-2 所示。

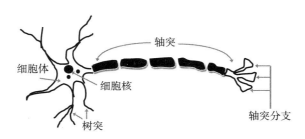

图 5-2　生物神经元

　　一个生物神经元通过它的树突接收信号，这个信号来自其连接的神经元，或者来自人体的其他感官输入，如图 5-2 所示。细胞体（Cell body），也被称为 soma，以空间和时间的方式整合（或处理）来自不同树突的多个输入。当接收到足够的输入并达到阈值时，神经元会产生动作（spike），并向其连接的神经元触发一些输出。如果没有输入或输入量不足，则所采集的输入将逐渐消失，神经元不采取任何行动。这个功能被模拟以构建人工神经元。人工神经元有一个小的处理机制（函数）作为其细胞核。它可以通过 n 个连接来接收 n 个输入。这些连接是加权连接。作为人工神经网络的细胞核，其主要功能是用连接的权重作为输入的重要性，对输入进行加权求和。如果产生的总和足够大，它可能会向连接的神经元触发一些输出。人工神经元的结构如图 5-3 所示。

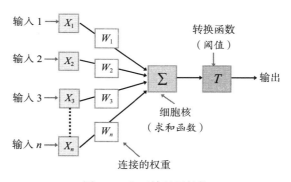

图 5-3　人工神经元结构

　　如图 5-3 所示，人工神经元也可以被认为是具有多输入和一个输出的设备。神经元以两种模式工作，即使用模式和训练模式。神经元必须经过足够数量样本的训练才能使用。为了在样本数据集中训练神经元，还必须确定学习策略。也就是说，神经元必须知道何时触发（发送输出）以及何时不触发。触发规则确定神经元是否应该为任何输入模式触发。

　　如此大量的神经元通过各个神经元之间的加权连接而相互连接。这些神经元以非常简单的方式工作，并且该工作都是以并行方式一起执行。智能决策和学习的能力来自其并行工作。每个神经元在本地进行简单计算，最后将计算出的总和作为全局解。也就是说，处理和控制都分布在这样的网络中。此外，大量神经元在神经网络中以并行和异步的方式工作，如果某些神经元不工作，全局解不会受到太大影响。在这种情况下，尽管没有找到一些拼图的小部分，但整个画面在观众的脑海中是清晰的！神经网络的这种特性被称为容错。由于神经网络中存在如此多的神经元，因此这个网络可能会错过一些神经元。表 5-2 列出了人工神经网络的主要特点。

表 5-2   人工神经网络的主要特点

特点	描述
大量神经元	人工神经网络包含大量被称为神经元的处理单元。每个神经元使用存储在其核心（细胞核）中的函数、输入以及与其连接相关的权重，为全局求解做出贡献
加权连接	从神经元到神经元、从输入到神经元的每个连接都与一个显示该连接强度的值相关联
并行工作	所有神经元根据值、权重以及核心处理函数，实现并行式工作
异步控制	由于所有神经元以并行方式工作，所以处理和控制本质上是异步的。在这种工作机制下，每个神经元都可以独立工作，并且仍然能够为全局求解做出贡献
容错性	由于大量神经元一起工作，并且每个神经元以一种简单的方式做出微小的贡献，所以即使一些神经元不工作，网络也仍然可以运行

人工神经网络能够从提供给它的数据中学习。通常，这样的网络通过所形成的系统结构和层次来执行计算。历史上，McCulloch 和 Pitts（1943）开发了第一个神经模型。之后，Frank Rosenblatt（1957）研究了一个眼部和大脑神经元的模型并开发了一个模型。由于眼和脑神经元主要涉及认知的相关活动，因此该模型被命名为 Perceptron（感知器）。随后，Marvin Minsky 和 Seymour Papert（1969）通过提出经典的异或（XOR）问题，给出了感知器局限性的数学证明，以及感知器模型无法解决的问题。后来，Rosenblatt 提出了多层感知器模型。除了这个模型外，还有其他模型和范例，例如 Boltzmann 机（Ackley 等 1985），Hopfield 网络（Hopfield 1982），Kohonen 网络（Kohonen 1988），竞争学习模型（Rumelhart 和 Zipser 1985），Fukushima 模型（Fukushima 1988），以及自适应共振理论模型（Carpenter 和 Grossberg 1988）。

所有这些模型都包含了大量的、以权重连接的神经元，它们以不同的结构和学习机制进行训练。神经网络学习机制侧重于神经元的行为及其连接的强度（权重），以产生理想的输出。人工神经网络的主要问题是采用适当的神经网络模型以及合适的学习算法。下一节将介绍上述模型。

5.4   ANN 模型

本节主要介绍 Hopfield 模型、Rosenblatt 提出的感知器模型、多层感知器模型，以及其他主要 ANN 模型和其学习范例。

5.4.1   Hopfield 模型

人工神经网络中的 Hopfield 模型是由 John Hopfield 于 1982 年提出的。Hopfield 神经网络模型由许多彼此相连的神经元组成，每一个神经元与其他任意神经元相连。对于每个连接，有与其关联的系数，被称为连接权重。从神经元 i 到神经元 j 的连接权重由数值 w_{ij} 给出。用矩阵形式表示神经元间所有连接的权值，则称矩阵为 **W**。连接的系数可以通过权重矩阵 **W** 表示。矩阵 **W** 中的权重记为 w_{ij}。矩阵 **W** 中的这些权重本质上是对称的。也就是说，对于所有 i 和 j，w_{ij} 与 w_{ji} 相同。在这里，每个节点都既是输入单元也是输出单元。图 5-4 表示一个小型 Hopfield 神经网络。

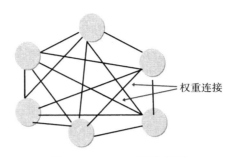

图 5-4   Hopfield 网络示例

Hopfield 神经网络学习方式如下所述：

* Hopfield 网络的每个神经元都被认为是"活跃的"或"不活跃的"。
* 在神经元间建立权重连接矩阵，使得每个节点与网络中其他任意节点相连接。
* 随机选择节点。
* 对于任何处于活跃状态的神经元邻居，则计算与活跃邻居连接的权重总和。
* 如果总和为正数，则该单元的状态变为活跃或不活跃。
* 重复该过程直到网络达到稳定状态。

在 Hopfield 网络中学习可以用异步或同步的方式完成。挑选神经元，并通过计算来自活跃邻居的权重之和来即时更新神经元的状态，这种方式被称为异步学习。而在同步学习情况下，则是对所有神经元同时计算总和。Hopfield 网络用于建模联想记忆和模式匹配实验。

5.4.2   感知器模型

如前所述，眼部和大脑神经元被科学家 Frank Rosenblatt 考虑以建立神经网络结构的模型。这个模型被称为感知器。最简单的感知器可以使用单个神经元来构建。每个神经元都有其作为核心组件的处理函数。除了这个核心组件外，还有许多不同强度的输入。感知器接收来自其所有连接的输入；通过考虑输入的连接权重（强度）来处理输入；并确定所生成的输出的重要性。如果输出是重要的且超过给定的阈值，则感知器触发所计算的输出。处理输入的核心函数被称为激活函数。图 5-5 给出了一个神经网络的示例模型。

上面的例子讨论了"要不要"的经典问题！考虑一个儿子想加入军队的情况，他的父母对这个决定有不同的看法。儿子与他的母亲关系紧密。在这个例子中，母子关系的强度是 0.8。该连接被命名为 X_2；并且权重表示为 W_2。儿子与父亲的关系相对较弱，为 0.4。该连接被命名为 X_1；并且权重表示为 W_1。下面给出了图 5-5 所示的感知器使用的激活函数（activation function）。

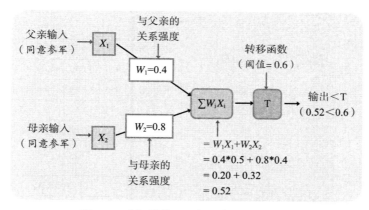

图 5-5　感知器模型示例：参军或不参军

激活函数 = $\sum W_i X_i$，$i = 1, 2$

当母亲坚信儿子不应该参军时，那么母亲的输入就是 $0.4(X_2)$。同样，父亲的输入是 0.5 (X_1)。激活函数处理这些输入的方式如下。

$$激活函数 = \sum W_i X_i, \quad i = 1, 2$$
$$= W_1 X_1 + W_2 X_2$$
$$= 0.4*0.5 + 0.8*0.4$$
$$= 0.20 + 0.32$$
$$< 6.0（阈值）$$

在上述情况下，激活函数的计算值为 0.52，该值小于为感知器设置的阈值。这意味着感知器不会触发，输出可被认为是空或零。也就是说，从图 5-5 中可以看出，儿子与母亲的关系更强，因此，她可以影响儿子的决定。

为了确定何时触发感知器，函数定义如下。

$$Y = \begin{cases} +1 & 如果输出大于 0（或给定的阈值）\\ -1 & 如果输出大于 0（或给定的阈值）\end{cases}$$

这里，y 是感知器采取的动作；Y 表示感知器触发或不触发。

可以设计类似的具有两个输入的感知器，逻辑"与"（AND）门。用于模拟逻辑"与"门的感知器实际上识别由直线隔开的两个区域，参见图 5-6a。图 5-6 以图形方式说明了感知器的行为。它显示感知器如何识别由直线分离的两个类：输出 1 用实心圆表示，输出 0 用空心圆表示。图 5-6b 给出了函数的计算过程，其将 W_1 和 W_2 视为 0.5。

只需通过改变权重或阈值，就可以使用相同的感知器来模拟逻辑"或"（OR）函数。图 5-6c 和 5-6d 分别表示改变后的感知器以及感知器的行为。

从上面的例子可知，单个感知器可以用来解决线性可分问题。图 5-7a 以图形方式说明了一类线性可分的问题。然而，根据 Marvin Minsky 和 Seymour Papert（1969）的观点，单个感知器的网络无法学习诸如"异或"（XOR）等的非线性函数，如图 5-7b 所示。为了解决这些问题，可以使用多层感知器或不同神经元的组合。

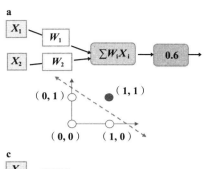
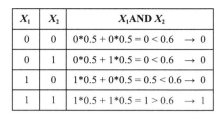
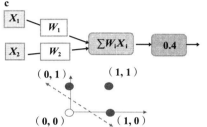
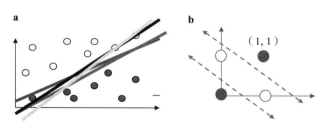

图 5-6　布尔函数"与"和"或"的感知器模型

图 5-7　线性可分问题与"异或"

真实世界案例 1：基于人工神经网络的能源消耗模型

预测典型的家庭日常能源消耗是非常重要的，以便设计和确定合适的可再生能源系统和储能的大小。ANN 被认为是一种潜在的方法，可以用于建模每小时及每日的能源消耗和负荷预测。

5.4.3　多层感知器

这种类型的神经网络由多层神经元组成。通常，包含三层：（1）输入层；（2）一个或多个隐藏层；（3）输出层。

网络中的所有神经元以相互连接的方式彼此关联，这种方式使得每个神经元以前向方式与相邻层的其他神经元连接。在某种程度上，可以认为网络是完全连通的，因为给定层中的每个神经元都与前层的其他神经元相连。所有输入层神经元都与隐藏层的神经元直接相连。

输入神经元的值来自输入接口。所有隐藏层的神经元都包含一个被称为隐藏函数的计算函数，且该函数的输入是前一层神经元的输出值与该层权重的加权和。隐藏函数可以是任何合适的激活函数，如 sigmoid 函数。隐藏层神经元的输出被转发到输出层。输出层中的每个神经元也包含输出函数。输出函数的触发值是连接该神经元的隐藏层的所有神经元的值与相应权重的乘积之和。在许多应用中，网络的内部神经元将 sigmoid 函数用作激活函数。图 5-8 给出多层感知器模型的一般结构。

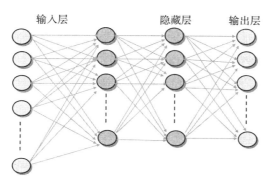

图 5-8　多层感知器模型的一般结构

多层感知器是以系统化的方式进行设计、连接和训练的，下一节将对此进行介绍。

真实世界案例 2：使用人工神经网络进行在线的酒店预订

采用三层的多层感知器（MLP）ANN 模型，并使用以前客户预订的信息进行训练。可以对 ANN 的性能进行分析。ANN 以一种相当合理的方式管理酒店的预订服务。客户需要单人间或双人间，系统会给出所需服务的确认（如果有房间）。此外，如果没有此类型的房间或服务，系统使用人工神经网络方法给出替代房型。

5.4.3.1　设计神经网络阶段

设计神经网络的第一阶段是确定输入、输出和隐藏节点的数量。通常，神经网络含有一个输入层和一个输出层。隐藏层数的选择主要依赖实验和误差；但是，有一种流行的启发式方法，总是以一个或两个隐藏层开始。隐藏层中神经元的数量介于输入层神经元和输出层神经元之间。

根据输入机会，神经网络的输入层由许多神经元组成。必须确定对输出有关键影响的参数。将这些参数集合记为 X，其中 X 的定义如下：

$$X = \{x1, x2, x3, \cdots, xn\}$$

用上述 X 中列出的 n 个神经元设计输入层。

类似地，确定输出机会。所有机会的集合记为 O；定义如下：

$$O = \{o1, o2, o3, \cdots, om\}$$

设计一个包含 m 个神经元的输出层，如集合 O 中神经元所示。每个输出节点都有一个输出函数。输出函数对隐藏神经元的值进行加权求和。

考虑两个隐藏层。隐藏层中的神经元的数量可以用典型的启发式方法来完成，如下所示：

$$隐藏神经元的数量 = (m+n)/2$$

其中 m 是输出层中神经元总数，n 是输入层中神经元总数。

也可以考虑其他的启发式方法，如下所示：

$$隐藏神经元的数量 = (m+n)*(2/3)$$

其中 m 是输出层中神经元总数，n 是输入层中神经元总数。

每个隐藏节点都有一个隐藏函数。隐藏函数的输入是节点值的加权和。

5.4.3.2　前馈方式连接神经元

在确定输入层、隐藏层和输出层后，各层的处理函数需要相互连接。连接网络的所有神经元，使得每个神经元只与前层的每个神经元进行前向连接。

连接神经元后，为这些连接分配随机权重。网络连接后，神经网络准备学习。

5.4.3.3　学习阶段

神经网络通过处理训练数据来学习。提供给神经网络的训练数据具有重要作用，该训练数据确定其存储的知识的质量，并体现为连接的权重。训练数据应具有多组输入及其相应的输出。

神经网络学习方式如下所述。

- 考虑第一组数据；只给输入层提供输入值。
- 让网络根据输入值进行计算。
- 将网络计算的输出与训练数据集中给出的正确输出进行比较。
- 使用典型的反向传播学习算法发现误差并调整权重。
- 重复此操作，直到网络为训练数据提供正确的输出，或者误差可接受。
- 对所有数据集重复该过程。

这是一个使用反向传播学习模式进行监督学习的大纲。由于网络从数据中学习，神经网络的学习质量直接取决于数据。如果数据集很差并且仅考虑了不重要的情况，那么网络就会学习训练数据中给出的决策。此外，如果训练数据很好，但不包括所有类的决策实例，则神经网络将只偏向于给定类型的数据。当在实际应用中遇到新类型数据时，网络可能无法提供正确的输出。

神经网络可以通过很多其他方式学习。一些主流的学习方式包括无监督学习和强化学习。在这些学习方法的情况中，用于训练网络的有效且正确的数据集可能是不完全的，或者是部分可用的。例如，在强化学习的情况下，如果学习按照期望的方向进行，那么网络不提供正确的输出，而是提供回报。回报可以是对下一步动作的暗示。在无监督学习中，数据没有目标属性。历史上，聚类是一种很明显的无监督学习的技术。

5.4.4　多层感知器的深度学习

正如前几节所解释的，通常多层感知器中存在一个或两个隐藏层。很显然，如果没有隐藏层，感知器只能解决线性可分的问题，如图 5-6 和 5-7a 给出的示例。如果存在一个隐藏层，则 ANN 可以近似一个函数，该函数具有从一个有限空间到另一个有限空间的连续映射。如果有两个隐藏层，则神经网络可以任意精度来近似任何光滑的映射。也就是说，引入隐藏层有助于网络呈现非线性行为。尽管隐藏层不直接与输入或输出层相互作用，但它们可以影响 ANN 的工作。在多层感知器中添加许多隐藏层似乎对实现复杂和非线性的行为很有帮助；但额外的隐藏层会在学习中引起问题。即，增加更多的隐藏层有助于更完美地实现非线性学习，但也会导致网络过度拟合，并引起与效率相关的问题。这使得前层可以学得更好，但后层学习会受到不好的影响。

深度学习是一种机器学习技术，由许多用于处理信息的层次架构组成。与浅层架构相比，深度学习提供了类似人的多层处理。深度学习的基本思想是使用多层架构进行分层处理。网络架构是分层排列的。经过一些预训练后，每层的输入都会被提供给其相邻层。多数情况下，选定层的这种预训练是以无监督的方式完成的。深度学习遵循分布式方法来管理大数据。该方法假设数据是因不同因素、不同时间以及不同级而产生的。深度学习有助于根据数据的时间（发生）、级别或性质将数据安排和处理到不同的层。深度学习通常与人工神经网络有关。

Nitish Srivastava 等（2014）以这种方式使用神经网络并定义深度学习："深度神经网络包含多个非线性隐藏层，这使得它们具有较强的表达力，可以学习输入和输出间非常复杂的关系。"许多实际应用，如自然语言、图像、信息检索和其他类人信息处理应用都将受益于对深度学习网络的运用。对于这样的应用，强烈建议使用深度学习。Google 是采用深度学习进行实验的先驱，并由斯坦福大学计算机科学家 Andrew Ng（现在在百度担任首席科学家）发起。当在 Google 上搜索时，可以尝试使用 Google 的 deep dream 应用，其会出现漂浮的图像。

有三类深度学习架构：（1）生成型；（2）区分型；（3）混合型。属于生成型的架构以无监督的方式对层进行预训练。这种方法消除了对低层进行训练的难度，这是由于每层都依赖于前层。每一层都可以进行预训练，并被包含在模型中以进行进一步的调整和学习。这样做可以解决训练多层神经网络架构的问题，并且可以实现深度学习。

神经网络架构可以通过将每一层的输出与原始数据或各种信息组合叠加起来，使其具有区分性处理能力，从而形成深度学习架构。根据 Deng Li（2012），区分模型通常将神经网络输出视为给定输入序列的所有可能标签序列的条件分布，并通过目标函数进一步优化。混合架构结合了生成和区分架构的特性。深度学习有助于高效地管理企业中大规模的复杂数据。许多不同的模型和算法使得在不同领域实现深度学习成为可能。下面给出深度学习在数据科学领域的可能应用。

- 自然语言处理和自然查询。
- Google 的自动统计员项目。
- 智能 Web 应用程序，包括搜索和智能抓取。
- 图像、语音和多媒体挖掘。

- 利用社交网络平台进行多种活动。
- 资源开发和可持续发展，人口信息，治理（天气预报、基础设施发展、自然资源）。
- 传感器网络、农业信息、林业和渔业的决策支持系统。

5.4.5 其他 ANN 模型

除上述人工神经网络模型外，还有其他模型可供选择，如下所示。

自组织映射

自组织映射（SOM）是一种无监督学习模式的人工神经网络，它也被称为自组织特征映射（SOFM）。历史上，芬兰教授 Teuvo Kohonen（1982）开发了这种自组织映射；这也是有时自组织映射被称为 Kohonen 映射或网络的原因。

像所有类型的人工神经网络一样，SOM 也包含神经元。映射中神经元的权值和位置信息关联。通常，神经元是按照网格格式的二维规则间隔排列的。一般情况下，SOM 使用邻居函数来保留输入空间的拓扑特性。

如前述一样，随机分配神经元的权重。SOM 网络学习也分两个阶段：训练和映射。在训练期间，将示例向量输入到网络中，并应用竞争学习算法；希望输出与预期实际映射情况类似的示例向量（与实际期望值接近）。当向网络提供训练样本示例时，对所有加权向量计算欧几里得距离。确定一个神经元，其权重系数与提供的输入相匹配，这个神经元被称为最佳匹配单元（BMU）。调整最佳匹配神经元及其邻居的权重。神经元 v 的权向量 $Wv(s)$ 更新公式如下所示：

$$Wv(s+1) = Wv(s) + \Theta(u, v, s)\,\alpha(s)\,(D(t) - Wv(s))$$

其中，s 是步数索引；t 为训练样本的索引；u 是样本 $D(t)$ 的 BMU 索引；$\alpha(s)$ 为单调递减的学习系数；$D(t)$ 为输入向量；$\Theta(u, v, s)$ 是步骤 s 中神经元 u 和神经元 v 的邻居函数，其计算二者间的距离。（Kohonen 和 Honkela 2007）

最终，邻居函数将随时间逐步收缩。在这之前，当邻居函数值较大时，自组织将在全网内进行；此后，它将收敛到局部估计值。

对于每个输入向量该过程重复若干周期。图 5-9 显示了 Kohonen 映射的学习过程。

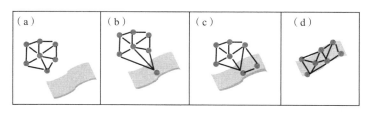

图 5-9　Kohonen 映射的学习过程：（a）网络与训练数据；（b）初始训练阶段；（c）网络收敛于训练数据；
　　　　（d）网络实际上映射至训练数据

SOM 被应用于诸如气象和海洋学、深度学习、软件项目优先级等领域。有时 SOM 也用于优化。

还有其他模型的人工神经网络，如简单递归网络、完全递归网络、Boltzmann 机以及模块化网络。递归神经网络至少有一个反馈回路，通常是网络的输出。据观察，自然界中所有生物神经网络都是递归的。根据人工神经网络的结构和设计，可以采用学习算法。有很多可用的学习算法；有些使用训练实例学习，有些则在没有训练实例的情况下学习。

一些神经网络算法已经具有很好的定义，并且在多个领域都进行了实验。为了实现这些算法，如果不愿意使用编程语言和包来扩展特定应用的程序，那么有一些工具和方法可用。

5.4.6　线性回归与神经网络

在多层的深度神经网络中，最后一层起着特殊的作用。处理带标签的输入时，输出层会对每个示例进行分类，并使用最可能的标签。输出层上的每个节点代表一个标签，并且该节点根据接收到的信号强度打开或关闭，其中信号是指节点接收到的上一层的输入和参数。

每个输出节点都会给出两种可能的结果，即二进制输出值 0 或 1，因为输入变量要么是带标签的，要么是不带标签的。虽然神经网络与标记数据一起计算并提供二进制输出，但其接收到的输入通常是连续的。确切地说，作为输入的网络接收到的信号将跨越一系列的值，并包括任意数量的度量，这取决于其试图解决的问题。

例如，推荐引擎必须对是否投放广告做出二进制决定。但是，它的决策依据可能包括购物者过去两天内在淘宝上花了多少钱，或购物者访问该网站的频率。

因此，输出层必须将诸如花在鞋类上的 102 元，以及对网站的 8 次访问等信号压缩到 $0 \sim 1$ 之间；即给定输入应该被标记的概率。

将连续信号转换为二进制输出的过程被称为逻辑回归。逻辑回归计算输入与标签匹配的概率。

$$F(x) = \frac{1}{1 + e^{-x}}$$

将不断的输入表示为概率，其输出值必须是正的，因为不存在负的概率。因此，输入表示为分母中 e 的指数，因为指数使结果大于零。进一步考虑 e 的指数与 1/1 的关系。随着输入 x（触发标签）的增长，在 x 的表达式中 e^{-x} 向零收缩，分数值接近为 1/1 或 100%，这意味着我们确信标签适用。与输出成负相关的输入将被 e 指数上的负号翻转，随着负信号增长，e^{-x} 变大，从而将整个分数趋近于零。

现在假设不是以 x 为指数，而是所有输入和相应权重的乘积之和——通过网络的总信号。这就是神经网络分类器输出层的逻辑回归层中的输入。通过该层，我们可以设置一个阈值，高于该阈值的例子标记为 1，低于该阈值则不标记。

真实世界案例 3：预测

在旅游业中，客户交易数据可用于开发预测模型，使其能够准确地产生有意义的预期结果。无论一间餐馆依赖的是移动平均算法还是时间序列预测算法，ANN 都可以提高预测建模的统计可靠性。预先估算需要准备多少菜单项以及何时准备菜单项对于有效的食品生产管理至关重要。根据每日可用的销售数据，ANN 可以提供产品使用情况的预测。

此外，了解任何用餐期间销售多少产品，也有助于支持有效的库存补给系统，从而最小化存储产品所占用的资金。

5.5 ANN 工具和程序

工具是用于实现目标的过程或设备。如果没有使用刀或锯等适当的工具，一些任务是不可能完成的（因为不能用锤子或炸药切割木板；必须有锯子！）。同样，在实现和自动化神经网络支持的学习过程中，一个非常重要的工具是计算机和必要的软件。在下述清单中，Java、C++、Python 和 R 等编程语言首先出现。除了这些编程语言外，还有多种可用的工具，如下所述。

- MatLab：MatLab 是一种基于第四代编程语言的框架。MatLab 是矩阵实验室（Matrix Laboratory）的缩写，由 MathWorks 开发[⊖]。这个框架在 Matlab 中得到了广泛的应用，并被学者、研究者、专业人士和学习者广泛使用。根据应用领域的不同，该框架与各种工具箱一起工作，例如机器人工具箱、图像处理工具箱和机器学习工具箱。
- Java 神经网络模拟器（JavaNNS）：JavaNNS[⊜]是一种基于编程语言 Java 开发的友好界面，用于帮助设计和实现神经网络。它由德国蒂宾根的 Wilhelm-Schickard 计算机科学研究所（WSI）开发。
- NeuroSolutions：NeuroSolutions[⊜]是 Windows 平台上的神经网络软件包。它提供图形用户界面，使用图标、菜单以及 MS Office（Excel）界面设计人工神经网络。这个工具在对 Microsoft Office 页面很熟悉的用户群中非常流行。
- NeuroXL：这是另一种使用 Microsoft Excel 界面定义并进行人工神经网络实验的工具^⑳。它提供了 NeuroXL 预测器、NeuroXL 聚类器以及 OLSOFT 神经网络库等组件。
- FANNTool：这是一个在 FANN 库上开发的图形用户界面^⑤。它是一个用户友好的开源软件包，用于构建人工神经网络。
- Weka：这是一种设计和实现数据挖掘任务的技术汇编。除了神经网络外，它还支持多种数据挖掘算法的实现。据开发者所说，Weka 3.0 版本能够支持数据预处理、分类、回归、聚类、关联规则和可视化^⑥。
- Brain：这是一种设计和实现人工神经网络的模拟器。Brain 模拟器可用于多数平台。它具有用户友好性、灵活性以及可扩展性。它是用 Python 编程语言编写的。

⊖ http://in.mathworks.com/
⊜ http://www.ra.cs.uni-tuebingen.de/software/JavaNNS/
⊜ http://neurosolutions.com/neurosolutions/
⑳ http://www.neuroxl.com/
⑤ https://code.google.com/p/fanntool/
⑥ http://www.cs.waikato.ac.nz/ml/weka/

- 多层后向传播：多层后向传播[一]是实现神经网络的免费软件。正如其名称所说明的那样，它支持具有反向传播学习机制的多层感知器设计。
- NNDef 工具包：这也是一款免费的用于人工神经网络实验的软件包[二]。它允许使用NNDef 运行引擎、NNDef 运行库、NNDef 转换器、样本模型等工具来设计神经网络。
- NuMap 和 NuClass：这些产品由 Neural Decision 实验室[三]开发。这个免费软件支持神经网络设计、训练和验证。
- Joone 面向对象神经引擎：这是一款用 Java 语言开发的人工神经网络框架[四]。它由核心引擎、图形用户界面（GUI）编辑器以及分布式训练环境组成。可以通过添加新模块扩展框架，以实现新算法。

5.6 社交网络平台上的情感挖掘

在现代社会，社交网络平台已经成为与人沟通的重要机制。由于缺少时间，以及与人直接接触需要很多努力，所以几乎不可能与朋友、亲戚、同事和专业人员保持直接联系。利用信息和通信技术的进步以及社交网络平台的可用性，如 Twitter、Facebook 和 LinkedIn 等；这使得与许多有趣的人同时联系成为可能。它使我们能够了解我们感兴趣领域的人、产品和趋势。

在这样的平台上可以获得很多数据。这些数据可以用于许多有用的应用。然而，问题在于这些数据是非结构化的、大规模的，并且充满了错误和情感。由于上述原因，这些大数据很难获取、清洗和分析。本节介绍一项实验，以有效利用这些数据来识别某一特定物品的情感，从而推广物品。

5.6.1 情感挖掘相关工作

社交网络平台是一个情感丰富的环境，其具有情绪、想法、兴趣、喜欢和厌恶。从 20 世纪初开始，在社交网络平台普及之后，提取某一特定实体的隐性知识一直是许多研究者的首要兴趣。一些早期工作由 Peter Turney（2002）完成；Bo Pang 和 Lillian Lee（2004）展示了情感挖掘在产品和电影中的应用。Dmitri Roussinov 和 Leon Zhao（2003）开发了一个应用程序来识别来自文本信息的意义。意见挖掘也在 Priti Srinivas Sajja 和 Rajendra Akerker（2012）的语义网上进行了实验。Priti Srinivas Sajja（2011）也对基于特征的意见挖掘进行了实验。情感分析对于识别互联网消息组中滥用的帖子也很有用（Spertus 1997）。情感提取是一个非常接近情感分析和意见挖掘的领域。很多研究者对情感挖掘进行了实验（Dhawan 等 2014；Neviarouskaya 等 2010；Aman 和 Szpakowicz 2007；Yang 等 2009）。

[一] http://mbp.sourceforge.net/

[二] http://www.makhfi.com/nndef.htm

[三] http://www.neuraldl.com//Products.htm

[四] http://www.jooneworld.com/

5.6.2 广泛架构

为了挖掘特定社交网络平台的情感，可以使用人工神经网络。图 5-10 说明了情感挖掘系统的广泛架构。

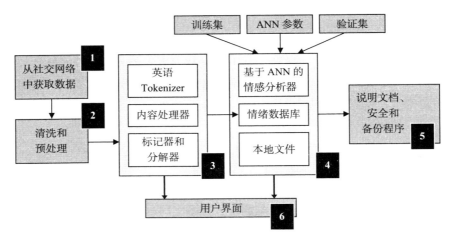

图 5-10　社交网络平台上情感挖掘的广泛架构

系统的第一阶段是从给定的社交挖掘平台获取文本内容。为此，人们应该具有适当的访问权限和充分的社会关系，以便检索文本。如前所述，文本充满了错误和情感，并且缺少特定的结构。人们可以从社交网络平台的内置设施中获得帮助，使得可以收集连接间的所有事务数据。例如，Facebook 允许用户通过一个简单的步骤备份对话，即是使用右上角的齿轮图标。

在我们从材料中挖掘情感之前，必须清洗材料。由于我们仅考虑从文字和图标中提取情感，因此可以从收集的文本中删除图像和其他多媒体内容。需要从收集的内容中删除的其他项是关键词，如"http"和"www"。此外，选择一些反映情感的高度相似的文本组件，比如"我感觉""我是""让我""快乐""悲伤""喜欢"。在这个过程中，词干是必要的，也就是说，"不快乐""悲伤的""悲伤"被认为是同一个词。还需要删除所有非字母的数字字符，并将所有文本转换为小写字母。所有这些过程都在系统的第二阶段进行。

一旦数据经过清理和预处理，文本中使用的图标和表情符号就被编码了。此外，文本中的每个单词都要被标记。这个过程在系统的第三阶段完成。除了英语的 Tokenizer，系统的第三阶段还有另外两个功能。这些功能是内容处理器，以及标记器和分解器。内容处理程序的主要目标是如上所述的文本内容简化。可供选择地，内容处理程序（以及第三阶段的其他组件）可以与系统的第二阶段进行集成，并进行清洗和预处理。

5.6.3 神经网络设计

在下一个阶段，第四阶段，人工神经网络的设计和训练都是用高质量样本进行的。图 5-11 给出了系统的架构以及人工神经网络的结构。

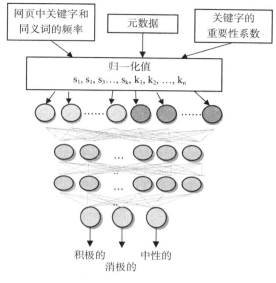

图 5-11　系统架构

从内容中识别出被标记的关键字，并将其关联的频率提供给神经网络的输入层。可选地，关键字和元数据的同义词也可以提供给神经网络的输入层。

从检索文本编码的训练矢量的结构包含所提取的关键字及其频率。假设文本包含高频率的"开心""好"或"喜欢"等短语，则认为该文本对实体有积极的情感。而出现高频率负面情感的文字时，则将文本归类为负面情感。表 5-3 给出了一个示例集合。

表 5-3　检索到的文本中带有频率的关键字和同义词集合

编号	关键字	频率
关键字 1	高兴的	3
关键字 2	喜欢	1
关键字 3	确定的	1
关键字 4	好的	2
关键字 5	悲伤的	2
…	…	…

从上述信息中形成向量，该向量进一步乘以由用户提供的特定权重系数，并在发送到神经网络之前归一化。表 5-4 给出了这种向量的一个示例。

表 5-4　神经网络输入层的归一化值

关键字	K1	K2	K3	K4	K5
频率	3	1	1	2	2
归一化值	0.75	0.65	0.65	0.5	0.5

训练过程需要多个这样的向量。此外，神经网络的输出也是将文本标记为"积极""中

性"或"消极"类别的向量。用户界面在呈现内容之前要求用户选择。需要指出的是，神经网络决策的质量取决于提供的训练数据。

5.7　应用与挑战

ANN 可以从大量的数据中自动学习。拥有大量的数据以让神经网络学习，这是一件好事。在数据科学领域中，ANN 学习的能力，以及随着时间的推移对其结构进行调整的能力，是它的价值所在。在目前的软件中，模式识别、信号处理、控制、时间序列预测和异常检测等应用都使用了人工神经网络。

此外，可以将 ANN 应用到几乎所有具有历史数据的问题上，并且需要为该数据建立一个模型。例如：

- 投资组合管理：以最大化回报和最小化风险的方式分配投资组合中的资产。
- 信用评级：根据其账务状况，自动地分配企业或个人的信用等级。
- 医疗诊断：通过分析报告中的症状或图像数据（例如 MRI 或 X 光片）来支持医生的诊断。
- 过程建模和控制：为工厂创建人工神经网络模型，然后使用该模型确定工厂的最佳控制设置。
- 机器诊断：检测机器何时发生故障，以便在发生这种情况时系统可以自动关闭机器。
- 智能搜索：一种互联网搜索引擎，可以根据用户之前的行为提供最相关的内容和广告。
- 欺诈检测：检测未被授权的人所进行的未授权的账户活动。
- 目标识别：军事应用中，使用视频和红外图像数据来确定敌方目标是否存在。
- 目标营销：为特定的营销活动寻找一组具有最高响应率的客户。
- 财务预测：利用有关安全的历史数据，预测这种安全的未来动向。

下述是人工神经网络在数据科学领域的一些应用。

- 高维数据融合至低维数据（如地球物理数据）(Hinton 和 Salakhutdinov, 2006 ; Rezaie 等，2012）可以用人工神经网络技术实现。此外，该技术还可用于地震预测（Reyes 等，2013）和风速预报（Babu 和 Reddy, 2012）。
- 多媒体数据分类，如图像内容分类（Krizhevsky 等，2012；Smirnov 等，2014）。
- 语音识别（Sainath 等，2013）和人脸检测（Zhang 和 Zhang, 2014）。
- 如股票市场分析（Hsieh 等，2011）和销售预测（Choi 等，2011）等财务数据分析也可以是该技术的候选应用。

近年来，深度学习模型能够利用大数据来挖掘和提取有意义的表示，以达到分类和回归的目的。然而，深度学习在大数据方面提出了一些具体的挑战，包括处理大规模的训练数据、从增量的流数据中学习、深度模型的可扩展性、学习速度等。

通常，从由大数据提供的大量训练样本中学习，可以在高抽象层次上获得复杂的数据表示，这可以用来提高深度模型的分类准确性。深度学习的一个明显挑战是多种格式的训练样本，包括高维数据，大量无监督或未标记的数据，含有噪声的劣质数据，高度分布式的输入数据，以及不平衡的输入数据。当前的深度学习算法无法适应这种训练样本，深度学习模型的真正巨大挑战就是如何处理数据的多样性。

流数据是大数据的关键特征之一，流数据具有大规模、移动快速、分散、非结构化和难以处理等特征。这类数据广泛存在于社会的许多领域，包括网站、博客、新闻、视频、电话记录、数据传输以及欺诈检测等。从流数据中利用深度学习模型来学习有意义信息的一个重大挑战是如何调整深度学习方法来处理这种增量的、难以处理的流数据。

深度学习训练速度的挑战主要有两个特点：大规模的深层网络；基于大数据的大量训练样本。结果表明，对于具有大量参数的模型，其能够提取出更复杂的特征，大大提高了测试的精度，但是在计算上变得过于昂贵和耗时。此外，用大规模数据训练深层模型也是很耗时的，并且需要大量的计算周期。因此，如何通过强大的计算设备来加速大数据模型的训练速度以及进行分布式和并行计算也是一个挑战。

为了更快地训练大规模深度学习模型，一个关键的方法是通过分布式和并行计算（如集群和 GPU）来加速训练过程。当前的一些并行训练的方法包括数据并行、模型并行以及数据模型并行。但是，在训练大规模深层模型时，为了参数同步，每个模型的效率都较低，这需要不同计算节点之间的频繁通信。而且，GPU 的内存限制也可能降低深层网络的可扩展性。这里面临的挑战是，如何优化和平衡大规模深度学习网络中的计算工作负载和通信。

真实世界案例 4：客户关系管理

在当今竞争激烈的市场环境下，公司主要依靠现有的忠诚客户维持长期的利润。因此，客户关系管理（CRM）始终专注于忠诚的客户，这些客户是管理和决策中最丰富、最可靠的数据来源。这些数据反映了客户的实际个人产品或服务消费行为。这种行为数据可用于评估客户的潜在生命周期价值，评估他们停止支付或停止使用任何产品或服务的风险，并预测其未来需求。有效的客户关系管理（CRM）方案可以是应用 ANN 的直接结果。为了有效控制客户流失，建立更有效、更准确的客户流失预测模型非常重要。统计学和人工神经网络技术已用于构造流失预测模型。ANN 技术可用于发现数据中有趣的模式或关系，并根据可用数据拟合模型来预测或分类行为。换言之，这是一个跨学科领域，其总体目标是预测结果并采用先进的数据处理算法，以便根据数据仓库或其他信息库中的大量数据发现主要隐藏的模式、关联、异常和结构。通过快速访问更全面的管理信息可以增强 CRM 的能力，使企业能够提升客户满意度并提高销售业绩。预测和影响消费者行为的能力可以为公司提供竞争优势。举例来说，拥有一个签名项目可以被认为是改善关系的驱动因素，同时提供了一种客户认为其他地方没有等价物的产品。

5.8　关注点

神经网络的一个主要问题是其模型非常复杂。线性模型不仅直观上好，而且执行性能也很好。但是这引起了训练和评估学习模型中值得注意的一点。通过构建一个非常复杂的模型，其使得模型很容易完全适合训练数据集。而当我们在新数据上评估这个复杂模型时，它的性能很差。换句话说，该模型不容易泛化。这被称为过度拟合，是数据科学家必须应对的主要挑战之一。这是深度学习中的主要问题，其中神经网络具有包含许多神经元的大量层。这些模型中的连接数量非常巨大。结果，过度拟合十分常见。一种解决过度拟合的方法被称为正则化。正则化修改了目标函数，我们通过添加惩罚大权重的附加项，来最小化目标函数。最常见的正则化类型是 L2 正则化，L2 用神经网络中所有权重的平方来增加误差函数。正规化的另一种常见类型是 L1 正则化，在优化过程中，L1 正则化具有使权重向量变得稀疏的有趣特性（即，非常接近零）。换句话说，用 L1 正则化的神经元最终只使用它们最重要的输入的一小部分，并且对输入中的噪声有较强的抵抗力。而且，来自 L2 正则化的权重向量大多是扩散的，并且数量很小。当用户想要准确理解哪些特征对决策有贡献时，L1 正则化非常有用。如果这一层的特征分析不是强制性的，那么我们可以使用 L2 正则化，因为经验上 L2 性能更好。

另一种防止过度拟合的方法被称为"Dropout"。训练时，Dropout 仅保持神经元以某种概率 p（一个超参数）处于活动状态，或者将其设置为零。即使缺乏准确的信息，这也会使网络保持准确。Dropout 可以避免网络过度依赖任何一个神经元。它通过提供一种有效的方法——将几乎成倍数量的、不同的神经网络架构结合在一起——来避免过度拟合。

最后，也可以这样说，任何行业，只要其预测的准确性能够对其业务产生重大的收益影响，就能够从布置神经网络的工具和技术中获益。对于像 Netflix 这样的公司来说，将电影推荐的准确性提高到 10% 是一件很容易的事情。但对于一个使用机器学习算法的公司而言，在他们的结构中，某些上层决策的质量增加 10%，将会对他们的底层部门产生很大的影响。石油和天然气勘探便是一个示例。这些显而易见的技术也适用于自动驾驶汽车、家务机器人、汽车驾驶机器人、算法生成以及为玩家量身定制等。

5.9 练习

1. 简要描述人工神经网络的不同发展阶段，并给出每个阶段的代表性示例。
2. 在层次网络中的每一层插入一个偏置神经元，如前馈网络，这样做会有好处吗？检查这与网络的表示和实现有关。
3. 为什么学习算法对人工神经网络很重要？
4. 为下述内容提供人工神经网络的可能应用：
   - 决策支持
   - 字符识别
   - 事务处理
5. 描述神经计算的原理并讨论它对数据科学的适用性。
6. （项目）深度学习在视觉分类任务和对象定位上表现出色。然而，将深度神经网络应用于一般的可视化数据分析和解释还没有完全实现。探索计算机视觉和机器学习理论的最新研究进展，在视觉数据处理和分析领域调研新的深度学习架构，包括在视频理解背景下的深度学习，特别是动作识别、活动分析和姿态估计。

7.（项目）实现所选择的人工神经网络（ANN）模型。在至少两个不同的数据集上测试模型并合理分配学习算法的参数。分析并讨论你的结果。

参考文献

Ackley, D., Hinton, G., & Sejnowski, T. (1985). A learning algorithm for Boltzmann machines. *Cognitive Science, 9*(1), 147–169.

Aman, S., & Szpakowicz, S. (2007). Identifying expressions of emotion in text. In *Proceedings of 10th international conference on text, speech and dialogue* (pp. 196–205). Plzen: Springer.

Babu, C., & Reddy, B. (2012). Predictive data mining on average global temperature using variants of ARIMA models. In *International conference on advances in engineering, science and management* (pp. 256–260). Nagapattinam, India.

Carpenter, G., & Grossberg, S. (1988). The ART of adaptive pattern recognition by a self-organizing neural network. *IEEE Computer, 21*(3), 77–88.

Choi, T. M., Yu, Y., & Au, K. F. (2011). A hybrid SARIMA wavelet transform method for sales forecasting. *Decision Support Systems, 51*(1), 130–140.

Deng, L. (2012). A tutorial survey of architectures, algorithms, and applications for deep learning. *APSITA Transactions on Signal and Information Processing*, 1–29.

Dhawan, S., Singh, K., & Khanchi, V. (2014). A framework for polarity classification and emotion mining from text. *International Journal of Engineering and Computer Science, 3*(8), 7431–7436.

Fukushima, K. (1988). A neural network for visual pattern recognition. *IEEE Computer, 21*(3), 65–75.

Hinton, G. E., & Salakhutdinov, R. R. (2006). Reducing the dimensionality of data with neural networks. *Science, 313*(5786), 504–507.

Hopfield, J. J. (1982). Neural networks and physical systems with emergent collective computational abilities. *Proceedings of National Academy of Sciences of the USA, 79*(8), 2554–2558.

Hsieh, T. J., Hsiao, H. F., & Yeh, W. C. (2011). Forecasting stock markets using wavelet transforms and recurrent neural networks: An integrated system based on artificial bee colony algorithm. *Applied Soft Computing, 11*(2), 2510–2525.

Kohonen, T. (1982). Self-organized formation of topologically correct feature maps. *Biological Cybernetics, 43*(1), 59–69.

Kohonen, T. (1988). *Self-organization and associative memory*. New York: Springer.

Kohonen, T., & Honkela, T. (2007). Kohonen network, *2*(1), 1568.

Krizhevsky, A., Sutskever, I., & Hinton, G. (2012). ImageNet classification with deep convolutional neural networks. *Advances in Neural Information Processing Systems, 25*, 1106–1114.

McCulloch, W., & Pitts, W. (1943). A logical calculus of the ideas imminent in nervous activity. *Bulletin of Mathematical Biophysics, 5*, 115–133.

Minsky, M., & Papert, S. (1969). *Perceptrons*. Cambridge: MIT Press.

Neviarouskaya, A., Prendinger, H., & Ishizuka, M. (2010). EmoHeart: Conveying emotions in second life based on affect sensing from text. *Advances in Human-Computer Interaction*.

Pang, B., & Lee, L. (2004). A sentimental education: Sentiment analysis using subjectivity summarization based on minimum cuts. In *Proceedings of the association for computational linguistics* (pp. 271–278). Barcelona.

Reyes, J., Marales-Esteban, A., & Martnez-Ivarez, F. (2013). Neural networks to predict earthquakes in Chile. *Applications of Soft Computing, 13*(2), 1314–1328.

Rezaie, J., Sotrom, J., & Smorgrav, E. (2012). Reducing the dimensionality of geophysical data in conjunction with seismic history matching. In *74th EAGE conference and exhibition incorporating EUROPEC 2012*. Copenhagen, Denmark.

Rosenblatt, F. (1957). *The perceptron: A perceiving and recognizing automaton*. Buffalo: Cornel Aeronautical Laboratory.

Roussinov, D., & Zhao, J. L. (2003). Message sense maker: Engineering a tool set for customer relationship management. In *Proceedings of 36th annual Hawaii International Conference on System Sciences (HICSS)*. Island of Hawaii: IEEE.

Rumelhart, D., & Zipser, D. (1985). Feature discovery by competitive learning. *Cognitive Science, 9*(1), 75–112.

Sainath, T. N., Kingsbury, B., Mohamed, A. R., Dahl, G. E., Saon, G., Soltau, H., & Beran, T. (2013). Improvements to deep convolutional neural networks for LVCSR. In *IEEE workshop on automatic speech recognition and understanding* (pp. 315–320). Olomouc, Czech Republic.

Sajja, P. S. (2011). Feature based opinion mining. *International Journal of Data Mining and Emerging Technologies, 1*(1), 8–13.

Sajja, P. S., & Akerkar, R. (2012). Mining sentiment using conversation ontology. In H. O. Patricia Ordóñez de Pablos (Ed.), *Advancing information management through semantic web concepts and ontologies* (pp. 302–315). Hershey: IGI Global Book Publishing.

Smirnov, E. A., Timoshenko, D. M., & Andrianov, S. N. (2014). Comparison of regularization methods for ImageNet classification with deep conveolutional neural networks. *AASRI Procedia, 6*, 89–94.

Spertus, E. (1997). Smokey: Automatic recognition of hostile messages. In *Proceedings of conference on innovative applications of artificial intelligence* (pp. 1058–1065). Menlo Park: AAAI Press.

Srivastava, N., Hinton, G., Krizhevsky, A., Sutskever, I., & Salakhutdinov, R. (2014). Dropout: A simple way to prevent neural networks from overfitting. *Journal of Machine Learning Research, 15*, 1929–1958.

Turney, P. (2002). Thumbs up or thumbs down? Semantic orientation applied to unsupervised classification of reviews. In *Proceedings of 40th annual meeting of the association for computational linguistics* (pp. 417–424). Philadelphia.

Yang, S., Shuchen, L., Ling, Z., Xiaodong, R., & Xiaolong, C. (2009). Emotion mining research on micro-blog. In *IEEE symposium on web society* (pp. 71–75). Lanzhou: IEEE.

Zhang, C., & Zhang, Z. (2014). Improving multiview face detection with multi-task deep convolutional neural networks. In *IEEE winter conference on applications of computer vision* (pp. 1036–1041). Steamboat Springs.

第 6 章

遗传算法与进化计算

6.1 引言

受自然界进化能力的启发，人们提出了进化算法。进化算法是人工智能领域中进化计算的一个组成部分。进化算法受随机种群的生物进化启发，对候选者的基本模式进行各种各样的修改操作。在自然界中，通过上述修改的进化发生在这样一种方式下，即下一个种群将由相对更适合在特定情况下生存的成员组成。在这种情况下，如果修改结果导致较差的候选者，则它们将不能生存，因此它们将自动地从种群中取消选择。只有合适的候选者才能在种群中生存。这就是这种方法被称为适者生存方法的原因。对于该方法概括如下。

- 通过选择随机个体来生成初始群体。
- 为候选者应用一个或多个评估函数。
- 选择合适的（优质的）候选者，如果它们达到标准，则可直接将它们推向下一代。
- 选择一些强的候选者并修改它们，以生成更强的候选者并将它们推向下一代。
- 重复这个程序，直到种群进化到解决方案。

进化算法是一个统称，用来描述遵循进化基本原理的各种计算模型/技术的联合体。在进化算法领域内，所有的计算技术都对种群进行了各种修改，并保留了更好的候选者，从而实现了种群的进化。诸如遗传算法、遗传编程、进化规划、基因表达式编程、进化策略、差分进化、神经进化以及学习分类器系统等技术都属于进化算法的范畴。表 6-1 简要介绍了这些技术。

表 6-1　进化算法技术

技术	描述
遗传算法	遗传算法是进化算法中最受欢迎的技术之一
	候选者用字符串表示，这些字符来自字母、数字或符号的有限集合；传统上使用二进制数字系统
	遗传算法通常用于解决优化问题
遗传编程	种群中的候选者以计算机编码的形式表示；可以解决给定计算问题的编码被认为是合适的候选者
	通常，通过树编码策略表示个体

（续）

技术	描述
进化策略	种群中的候选者被表示为实值向量；这些技术通常使用自适应变异率
进化规划	这种技术与遗传编程非常相似。不同之处在于作用于个体的计算机编码结构。在这里，计算机编码的结构是固定的；然而，参数可以进化
基因表达式编程	这种技术对种群中的个体应用多种计算机编码；在这里，使用树的数据结构将不同大小的计算机代码编码成预定义长度的线性染色体
	使用树结构代表的个体通过改变它们的大小、形状和结构进行进化
差分进化	差分进化用一种类似的进化方法处理具有特定变异和交叉算子的实数
	在这里，候选者以向量形式表示，并强调向量的差异。该技术基本上适用于数值优化
神经进化	这与遗传编程相似；然而，区别在于候选者的结构。在这里，种群中的个体是人工神经网络
学习分类器系统	在这里，种群中的个体是以规则或条件表示的分类器。规则可以用二进制（直接方法）编码，也可以使用人工神经网络或符号表达式（间接方法）编码
基于人的遗传算法	该技术与遗传算法或遗传编程类似。然而，人们仅被允许指导进化过程。通常人类作为目标函数并评估潜在的解决方案

对于任何进化系统而言，基本的组成部分包括用于表示个体的编码策略、修改操作，以及评估函数。修改操作会产生新的候选者，从而形成新的一代，进而可以选出更好的候选者。评估函数保留了种群中的高质量解决方案。然而，有时一些弱候选者可能会生存下来，并成为下一代的父母，这是由于它们的某些特征非常强大。这样一来，人们可能会说进化算法是随机的。进化算法的共同特征如下所述。

- 进化算法保留种群，修改候选者并进化为更强的候选者。
- 进化算法通过结合个体的好特征来修改候选者，以产生比原始候选者更强的新候选者。
- 进化算法本质上是随机的。

6.2　遗传算法

作为进化算法联盟的候选算法，遗传算法（GA）遵循前节所述的进化基本原理。遗传算法通常用于以自适应方式进行搜索和优化的问题。进化过程与生物进化非常相似，并且根据适者生存原理进行工作，这个原理由著名自然学家和地质学家查尔斯·达尔文提出，又被称为自然选择的原则。在大自然中，可以观察到物种和个体竞争资源，如食物、水、住所以及配偶。那些能够在竞争中取得成功的个体将会生存下来，并且繁衍许多后代。失败者无法生存也不能繁衍后代，因此弱者的基因模式不能被转移。只有来自适应性和健康个体的基因才会遗传给下一代。在许多情况下，后代的基因来自父母的基因组合，其基因更好也比父母更健康。一代又一代，物种将变得更强大。参见图 6-1 中关于长颈鹿的故事。

一个典型的遗传算法在图 6-2 中给出，并在图 6-3 中进行了说明。

John Holland（1975）首先探讨了遗传算法的基本原理。从此以后，许多科学家一直致力于用遗传算法来解决各个领域的问题。遗传算法本质上是自适应的、鲁棒的。在处理大规模、复杂并且相互关联的数据时，它们非常有用。在下述情况下，遗传算法是有用且有效的。

据说早期的长颈鹿并不像今天的长颈鹿那么高。相比而言，早期长颈鹿矮得多。查尔斯·达尔文的适者生存理论解释了为何目前所有的长颈鹿都有长脖子。他解释说，在干旱的时候，由于食物稀缺，一些具有长颈的长颈鹿可以设法从高处的树枝吃更多的叶子，以维持生存。矮身高（短颈）的长颈鹿无法生存，便逐渐死亡。大部分幸存的长颈鹿都有长长的脖子和较高的身高。这些高大的长颈鹿繁衍的下一代长颈鹿也很高，这是由于父母都很高。通过这种方式，整个一代都经历了基因改造，父母的高度基因被传递给孩子。偶然地，如果有短颈的长颈鹿，它们将无法生存，因为它们不适应环境。通过这种方式，长颈鹿物种变得很高。

高大的长颈鹿将活下来并繁衍 & 矮小长颈鹿将不能生存……最终只有高大的长颈鹿

在长颈鹿的例子中，具有较高身高的特点对于生存非常重要，只有高大的长颈鹿能够存活下来。这表明大自然将支持具有所需特性的方案，适合的、强大的方案才能生存。

图 6-1　长颈鹿进化的故事

Begin

• 生成个体的初始种群（已知或随机）。
• 通过采用合适的编码流对个体进行编码。还要确定其编码字符串的长度。
• 重复下面给出的步骤，直至达到个体的期望适应水平，或者没有观察到进一步的改善，或者达到预定数量的迭代（例如最大 100）。

　　• 应用遗传算子并产生新的种群。
　　• 评估个体的适应度。
　　• 选择更强的个体并从新种群中移除弱的个体。

End

图 6-2　典型的遗传算法

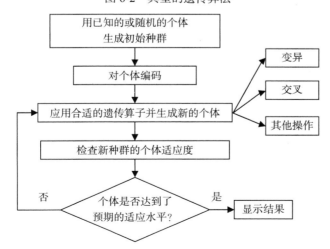

图 6-3　遗传算法说明

- 搜索空间庞大、复杂或对其知之甚少。
- 领域知识稀缺或专家知识难以编码来缩小搜索空间。
- 没有数学上的分析可用。

此外，遗传算法是随机算法——算法采取的过程由随机数决定。特别是，如果你要求随机算法以相同的方式运行两次并优化同一问题，那么将得到两个不同的答案。有时你想对同一个问题得到同样的答案。如果是这样，这是与随机算法对立的——尽管对于随机数生成器总是可以使用相同的种子。

下一节将讨论遗传算法的通用原理。

6.3 遗传算法的基本原理

在将遗传算法应用于问题之前，来自问题域的个体必须以预定长度的基因形式表示。由于遗传算法遵循进化算法的概念，因此以随机选择的种群（如果未知）和编码个体开始。这些个体经常被修改，并且其适应性也经常需要进行评估，直到达到满意的解决方案。对于上述过程，需要编码策略（用于表示个体特征）、遗传算子（如变异和交叉，用于修改个体）、适应度函数（将优质个体推向下一代）。本节将用必要的示例描述这些基本原理。

6.3.1 个体编码

从兴趣域选择的个体需要以基因的形式编码。每个基因或一组基因代表一个特征。一组基因通常也被称为基因串、表型或基因型。然而，基因型是字符串中的一组基因，其负责一个特定的特征，而表型是物理表达或特征。每个个体都将被编码并以一系列基因/基因型的形式表示，这就是个体被识别为染色体的原因。John Holland（1975）使用二进制值来编码个体。在二进制编码中，每个个体都以二进制数的形式表示（一个数字系统只有两个符号，即0和1，基数为2）。每个二进制数字（位）代表一个基因。

图6-4显示了在一个字符串长度为8的二进制数系统中对X和Y进行编码的例子。

| 个体X | 1 | 0 | 0 | 1 | 1 | 0 | 0 | 1 |
| 个体Y | 0 | 1 | 1 | 1 | 0 | 0 | 1 | 0 |

图6-4 二进制编码

编码后，种群的初始化完成。在初始化一个种群时，随机选择搜索空间的个体，或者可以填充已知的值。

6.3.2 变异

变异基本上是一个翻转操作。借助于变异概率（例如 P_{Mutation}），变异是一种用另一个有效值改变基因的方法，其过程如下。随机选择 $0 \sim 1$ 之间的数字，如果随机数小于 P_{Mutation}，则变异在当前位完成，否则该位不会改变。对于二进制编码，变异意味着翻转一个或多个随机选择位，将 1 变为 0 或将 0 变为 1。图 6-5 显示了两个原始个体 X 和 Y（如图 6-4 所示），并对它们进行了变异操作。对于由标签 X 表示的个体，在位置 3 和位置 5 完成了双位变异。而对于由 Y 表示的个体，在位置 1 和位置 7 完成了双位变异。

个体 X	1	0	0	1	1	0	0	1
新个体 X	1	0	1	1	0	0	0	1

个体 Y	0	1	1	1	0	0	1	0
新个体 Y	1	1	1	1	0	0	0	0

图 6-5　个体 X 和个体 Y 的双位变异

6.3.3　交叉

单独使用变异是不够的，相反，变异就像在搜索空间中随机游走。其他遗传算子必须与变异一起使用，交叉便是另一个这样的算子。交叉从父代个体（通常称为配偶）对的相同位置选择长度相同的子串，替换它们，并生成一个新的个体。交叉点可以随机选择。这个复制算子如下进行。

- 复制算子随机选择一对（两个）单独的字符串。
- 在字符串长度内随机选择一个交叉点。
- 交叉点间的字符串进行交换。

这样的操作导致两个新的个体。交叉通过在一个父节点中选择可取特征，以及在另一个父节点中选择其他特征，充分利用双亲节点（就像孩子具有父亲的身高和母亲的皮肤一样）生成新个体。图 6-6 说明了交叉过程。

个体 X	1	0	0	1	1	0	0	1
个体 Y	0	1	1	1	0	0	1	0

个体 P	1	1	1	1	1	0	0	1
个体 Q	0	0	0	1	0	0	1	0

图 6-6　字符串长度为 3、位置为 2 的二进制编码的交叉

交叉也可以在多个点同时完成，如图 6-7 所示。

个体 X	1	0	0	1	1	0	0	1
个体 Y	0	1	1	1	0	0	1	0

个体 P	1	1	1	1	1	0	1	0
个体 Q	0	0	0	1	0	0	0	1

图 6-7　字符串长度为 3、位置为 2 和字符串长度为 2、位置为 7 的二进制编码的交叉

6.3.4　适应度函数

适应度函数在决定个体质量的过程中起着重要的作用，并且为最终的解决方案提供了质量保证。这是一种对个体的控制，允许其进入下一代——满足适应度函数的个体才会被推进下一代。据观察，在一代中，更紧密且更好的适应度函数将导致高质量的个体。适应度函数必须被很好地定义，以便使具有相似适应度的个体能够紧密地结合在一起。适应度函数必须引导进化朝向有效和良好的个体。适应度函数也可以作为差个体的惩罚函数。一些惩罚函数也提供完成代价，完成代价显示了将无效个体转换为有效个体的预期成本。在某些情况下，不使用精确适应度函数或惩罚函数，而是使用近似函数。

6.3.5　选择

为进一步的操作，选择算子选择好的个体。它通常复制好的字符串，而不会构造新的字符串。可以根据定义明确的适应度函数来选择个体，选择算子的很多定义已被应用。John Holland（1975）的适应度 – 比例选择便是一个先驱性工作。在 Holland 定义的方法中，个体以与其相对适应度成比例的概率被选择。这种适应度 – 比例选择也被称为轮盘选择。如果 f_i 是个体 i 在种群中的适应度，则 i 被选择的概率是 $P_i = f_i / \sum f_i$，其中 i 的取值为从 1 到 N，N 是种群中的个体数量。"轮盘选择"的名称来自赌场中典型的轮盘赌。每个个体都代表轮盘上的一个口袋，口袋的大小与个体被选中的概率成比例，也可以考虑百分比而不是概率。从种群中选择 N 个个体相当于在轮盘上玩 N 次游戏，因为每个候选个体都是独立抽取的。也就是说，选择是通过旋转轮盘来完成的，其次数等于种群的大小。图 6-8 显示了典型的轮盘选择。

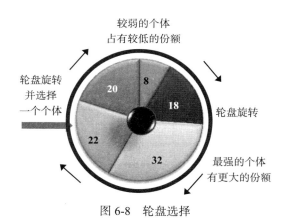

图 6-8　轮盘选择

由于这里使用概率函数，所以在轮盘选择方法中有较高适应度值的较强个体有可能没被选中，而较弱的个体也有可能会被选中。有时候，这种方法也是有益的，因为较弱的个体中可能有一些非常强大的基因。然后，可以进一步考虑将较弱个体的强大部分用于交叉函数。

另一种消除最弱候选者的固定百分比的方法是比赛选择方法。比赛选择过程如下所述。

- 随机选择一对个体并评估其适应度。
- 较强的个体被插入配对池中。
- 重复此过程，直到配对池完全填满。
- 对这些个体使用修改算子和基于概率的适应度函数。

在这里，我们从一对个体中选择一个，因此它被称为二进制比赛。也可以一次选择很多个体（比如说 n）用于比较，这被称为规模为 n 的大比赛。如果比赛规模更大，那么较强个体有更好的机会被选中。为了使更好的个体获胜，可以考虑与适应度函数有关的概率系数，其中个体以概率 p（通常高于平均值，即大于 0.5）赢得比赛。表 6-2 给出了比赛选择的概要。

表 6-2　比赛选择

开始
确定比赛的大小，比如 K
构造配对池 M
被选中的个体集合 A
确定概率 P
从种群中随机选择 K 个个体
为每个个体计算，重复 K 次
｛评估适应度并存储在 A 中｝
从 A 中选择最好的，并以概率 P 将其插入配对池 M 中
从 A 中选择第二好的，并以概率 $P(1-P)$ 将其插入配对池 M 中
从 A 中选择第三好的，并以概率 $P(1-P)(1-P)$ 将其插入配对池 M 中
结束

在进行个体选择时，一些研究者采用一种选择方法，避免当前种群中存在重复的个体。有些方法选择 n 个新个体并删除 n 个个体，保持种群规模和稳定状态。另一种方法是删除所有个体并添加任何数量的新个体。

单独使用选择将倾向于使用种群中最好的个体副本来填充种群。但是，选择不能将新个体引入种群。要包含新的个体，必须得到诸如变异和交叉等操作的帮助。

6.3.6　其他编码策略

到目前为止，我们已经看到具有固定长度的个体二进制编码策略，这是一种流行的编码策略。也可以使用符号、字母以及树结构进行编码。图 6-9 分别给出了树 X 和 Y 上的变异和交叉操作。

一般而言，树编码用于遗传编程和基因表达式编程中的进化程序。指令的语法可以用树的形式表示，在树上可以执行诸如选择、变异、交叉等操作。所产生的后代将根据适应度函数进行评估。

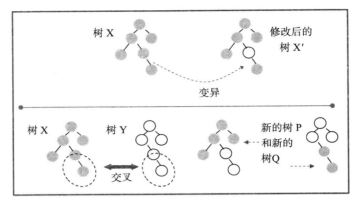

图 6-9　树编码及其操作

真实世界案例 1：飞机设计优化

　　可以通过遗传算法（GA）实现飞机的主要部分设计。飞机关键参数被映射成染色体式的字符串。这些参数包括机翼、尾翼和机身的几何形状、推力要求，以及操作参数。遗传算法在这样的字符串上执行，预期会出现自然选择。使用飞机的飞行航程作为适应度函数，可以估计设计性能。GA 不仅可以解决设计问题，还可以将其用于分析将来的局限性和可能的故障点，从而避免这些问题。

6.4　利用遗传算法进行函数优化的实例

　　这个实例说明了使用遗传算法进行函数优化。考虑在 [0，30] 区间内最大化函数 $f(x, y) = x*y$。遗传算法找到 x 和 y（一对 (x, y)）的值，在给定的区间 $[0, 30]$ 内使得函数 $f(x, y)$ 取最大值。

　　编码：

　　个体使用长度为 5 的二进制数字（位）进行编码。x 和 y 的可能值在 $0 \sim 30$ 之间。这些数字最多可以表示为 5 位。使用更多的二进制位会使得数字大于 30，并且超出 x 和 y 的取值区间。因此，这些位数是无效的。

　　适应度函数：

　　问题定义中已经给出了适应度函数的定义。函数的定义 ($x*y$) 为适应度函数。个体 x 和 y 被添加到函数中，以检查适应度。

　　如表 6-3 所示，随机选择初始种群。

表 6-3　初始种群

个体标号	个体（前 5 位是 x 的，后 5 位是 y 的）	x 和 y 的十进制数值	适应度函数 $f(x, y) = x*y$（十进制值）	轮盘选择计数
1	0101101010	10,11	110	1
2	1100001100	24,12	288	2

（续）

个体标号	个体（前5位是*x*的，后5位是*y*的）	*x*和*y*的十进制数值	适应度函数 $f(x, y)=x*y$（十进制值）	轮盘选择计数
3	0100100101	09,05	45	0
4	0101100111	11,07	77	1

在初始种群中，计算个体的适应度，根据该适应度设计轮盘，如图 6-10 所示。

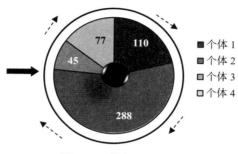

图 6-10　轮盘选择示例

选择、变异和交叉操作是根据图 6-10 所示的轮盘计数进行的。表 6-4 给出了所得到的个体。

表 6-4　种群上的操作

已选择个体标号	个体（前5位是*x*的，后5位是*y*的）	在变异或交叉操作后获得的新个体	操作位置（以及操作的长度）	适应度函数 $f(x, y)=x*y$（十进制值）
1	01**0**11 **0**1010	01**1**11 **1**1010	在位置3和位置6变异	390
2	11000 **0**1100	11000 **1**1100	在位置6变异	672
3	11**00** 01100	11**01**1 01100	与个体4进行交叉操作，起始位置为4，长度为2	324
4	01**01**1 00111	01**00**0 00111	与个体3进行交叉操作，起始位置为4，长度为2	56

从表 6-4 可以看出，个体 3 从种群中移除，个体 2 被复制。这个决定取决于轮盘选择实验。表 6-3 列出了轮盘的计数。显然，第一代个体 2 是最强的（最适应），如表 6-3 所示。最差的个体是个体 3，因此，它从下一代中删除。在下一代中选择更强的个体后，通过应用变异和交叉函数创建新个体。表 6-5 显示了第二代。

表 6-5　第二代种群

个体标号（新）	个体（前5位是*x*的，后5位是*y*的）	*x*和*y*的十进制数值	适应度函数 $f(x, y)=x*y$（十进制值）	轮盘选择计数
1	01111 11010	15,26	390	1
2	11000 11100	24,28	672	2
3	11011 01100	27,12	324	0
4	01000 00111	8,7	56	1

从表 6-5 所示的第二代种群中，我们可以观察到表 6-5 中多数个体的适应度值增加了。图 6-11 说明了第二代的轮盘。

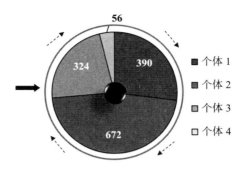

图 6-11　第二代种群个体的轮盘

继续进化，可以获取最优解。在这里，我们拥有了解最优解的优势（通过应用传统方法），可以巧妙地选择操作（变异和交叉），这样就可以在少数的几代内获取最优解。在传统的求解方法不可用的实际问题中，可以设置求解过程中的最大迭代次数或最小改进系数。如果进化后没有显著的改善，并且停滞不前，则可以停止该过程。理想情况下，遗传算法应该以这样一种方式进化，即所有个体都相继表现出更好的适应度。

6.5　模式与模式定理

模式是一个模板，用于标识在某些字符串位置具有相似性的字符串子集。模式的概念是由 John Holland（1975）提出的。模式是定义在字母表 $\{0, 1, *\}$ 上的模板，其描述搜索空间 $\{0, 1\}^L$ 中的字符串模式（字符串长度为 L）。对于每个长度为 L 的子串，模板或者指定该位置的值（1 或 0），或者用符号 *（被称为"不关心"或通配符）指示允许任一值。

模式 **1 0 * * 1 0 *** 是下述字符串的模板：

$$1\,0\,1\,1\,1\,0\,1$$
$$1\,0\,0\,0\,1\,0\,0$$
$$1\,0\,0\,1\,1\,0\,1$$
$$1\,0\,0\,1\,1\,0\,0$$
$$1\,0\,1\,0\,1\,0\,1$$
$$1\,0\,1\,0\,1\,0\,0$$

6.5.1　实例、定义位和模式顺序

与模式 S 匹配的字符串 x 被称为 S 的实例。在一个模式中，1（可以多个 1）和 0（可以多个 0）被称为定义位。模式中定义位的总数被视为模式的顺序。模式的定义长度为字符串中最左侧和最右侧定义位间的距离，如表 6-6 所示。

表 6-6   顺序、长度和模式示例

模式	顺序	长度	示例
1 1 * * 1 1 0 *	5	6	1 1 1 1 1 1 0 1
			1 1 0 1 1 1 0 0
* * * * 1 1 0 *	3	2	1 1 1 0 1 1 0 0
			1 0 1 1 1 1 0 1
* * 0 * 0 * 1	3	4	1 1 0 1 0 1 1
			1 0 0 1 0 0 1
1 * * 0 * 1	3	5	1 0 0 0 1 1
			1 1 1 0 1 1

6.5.2   模式的重要性

模式提供了一种关于遗传算法如何工作的解释。其基本思想是评估一个模式（也就是由该模式表示的一组个体）的适应度，而不是将适应度函数应用于从整个群体中随机生成的个体。每个模式都代表一组遵循共同模式的个体。对模式进行评估可以减少对每个遵循该模式的个体进行测试的负担。可以说，模式的适应度是指个体遵循该模式指定的字符串样式的适应度。这是管理一个大型搜索空间并在进化过程中给予概括的重要而有效的方法。这样，模式将有助于在搜索空间中搜索好的区域。提供一个高于平均水平的模式，可以使得发现更好适应度个体的机会更大。根据积木块假设（Hayes 2007），遗传算法最初检测高于平均适应度的低阶模式（具有少量定义位），随着时间推移，能够检测到高于平均适应度的高阶模式。John Holland（1975）也提出，适应度高于平均水平的模式在迭代过程中按指数率被采样。Holland 还指出，单个个体可能会满足多个模式，其中一些模式较强，一些模式较弱。间接地，在这些模式上完成的操作是以下述方式进行的，即更强的模式能够存活下来。这被称为隐式并行。

6.6   基于特殊应用的遗传算子

一些典型的遗传算子，如交叉和变异，可能不适用于许多应用。考虑旅行商问题。旅行商问题是指从给定的一组城市中找出最佳旅行路线，使得仅访问每个城市一次，且最小化总的旅行距离。为了将可能的路线编码成个体，可以使用城市名称首字母或符号，也可以使用数字。如果需要以最小的代价访问五个不同的城市，那么使用数字作为编码策略的可能路径如下所示：

路径 1：（1 2 3 4 5）

路径 2：（2 3 4 5 1）

在这里，标准的变异和交叉运算可能构造一个非法/无效的方案/计划。请参阅以下示例，其中路线 1 在位置 1 处执行了变异操作。可以用其中一个城市（2、3、4 或 5）替换城市 1。这导致了一个非法的计划。

原始路径 1：（<u>1</u> 2 3 4 5）

变异路径 1：(2 2 3 4 5)（非法的）

同样，交叉操作（在位置 2 且字符串长度为 3）也会导致非法计划，如下所示：

路径 1：(1 2 3 4 5)

路径 2：(2 3 4 5 1)

新的子代路径 3：(1 3 4 5 5)（非法的）

新的子代路径 4：(2 2 3 4 1)（非法的）

为了避免这种非法路径，可以采取以下措施。

- 尝试不同的表示方法（编码方案）。
- 设计一个专用的交叉算子，它是特定于应用程序的，并且会生成有效的后代。
- 设计一种惩罚函数，通过给予高惩罚（如负或低适应度）来消除非法个体。

在旅行商问题中，适应度函数非常简单和严格。改变适应度函数并不可取。在这种情况下，可用的编码策略也非常有限。在这里，可以考虑设计新的遗传算子，该算子适用于旅行商问题并且可生成有效的个体。

借助边重组技术，可以解决这个问题。该方法如下所示。

- 创建一个有限数量的合法旅行路径集合，并作为第一代种群。
- 为所有路线中的每个城市创建一个邻接表。该邻接表包含所有路径中的每个城市及其所有可能的邻居。
- 通过重组父代个体中的基因来产生新的个体，如下所示：
    - 随机选择父代个体，并将其第一个基因作为新子代个体的第一个元素。
    - 按照下述方法为子代个体选择第二个元素：如果父代双方有一个共同的邻接关系，那么选择该元素并将其作为子代个体基因排列中的下一个元素；如果父代双方有一个未使用的邻接关系，那么选择它。如果这两个选项都失败，则进行随机选择。
    - 重复步骤，以顺序选择剩余的元素。
- 将新个体加入下代种群中，以评估其适应度。

重组算子的应用：示例

对于典型的旅行商问题（TSP），考虑标记为 1、2、3、4、5 的五个不同城市。两个随机生成的个体如下：

路径 1：(1 2 3 4 5)

路径 2：(2 3 4 5 1)

邻接表如下所示：

关键字	邻接表
1	2,5
2	1,3,3
3	2,4,2,4
4	3,5,3,5
5	4,4,1

使用前面给出的算法，可以生成一个新的后代，以城市 3 为随机起点。我们在新的子路径中追加起始城市，称之为路径 3。

路径 3：3

由邻接表可知，从城市 3 开始，下一个可用的目的地是城市 2 或 4。我们选择城市 2。城市 2 被添加到路径 3 中。

路径 3：3，2

从城市 2 开始，由邻接表可知，可选的目的地是城市 3 和 1。因为城市 3 已经被访问过，所以城市 1 被选择并添加到路径 3 中。

路径 3：3，2，1

从城市 1 开始，易知可选的目的地是城市 2 和 5。因为城市 2 已经被访问过，所以城市 5 被选择并添加到路径 3 中。

路径 3：3，2，1，5

显然，城市 4 还没有被访问，因此我们可以直接添加城市 4。否则，城市 5 的邻居是城市 4 和城市 1。由邻接表可知，可选目的地是城市 4 和城市 1。由于城市 1 已经被访问过，因此我们选择城市 4。添加之后，城市 4 已经在路径中，则新路径如下。

路径 3：3，2，1，5，4

路径 3 是有效的，因为它仅列出每个城市一次。如果提供城市间的距离，则还可以计算路径的代价，在本例中其是适应度函数。

> **真实世界案例 2：运输路线**
>
> 　基于遗传算法的应用，如旅行商问题，可以用来计划最有效的路线和行程安排，如旅行计划、交通路线，甚至是物流公司。主要的目标是找到最短的旅行路线和旅行时间，包括避免交通延迟、途中的装载和运送。详见 6.6 节。

6.7　进化编程

进化编程的灵感来自于自然选择的进化理论。精确地说，这项技术受宏观级或物种级进化过程（表型、遗传、变异）的启发，而不涉及进化的遗传机制（基因组、染色体、基因、等位基因）。进化编程（EP）最初是由 L. J. Fogel 等（1966）开发的，其使用有限的字符编码，用于有限状态机的进化。Fogel 重点研究了将进化过程用于控制系统的开发，其中控制系统使用有限状态机（FSM）表示。Fogel 的早期研究阐述了这种方法，着重于状态机的演化，用于预测时间序列数据中的符号。

进化编程通常使用变异算子，从现有的候选方案中创建新的候选方案。进化编程没有运用其他进化算法中所使用的交叉算子。进化编程关注的是父代与子代候选方案之间的联系，而与基因机制的替代无关。

Fogel 扩展了进化编程并对实数进行编码，从而为变量优化提供了工具。进化编程中的个体包含一串实数，类似于进化策略（ES）。进化编程不同于遗传算法和进化策略，因为进化编程没有重组运算。进化完全依赖于变异算子，其使用高斯概率分布对每个变量进行扰动。标准偏差对应于父代适应度分数的线性变换的平方根（用户需要参数化该变换）。

进化编程基本过程如下所述。

1. 从种群中随机选择 μ 个个体。

2. 在上述 μ 个个体中，为每个个体分配适应度分数。

3. 在上述 μ 个个体中，对每个个体执行变异算子，以产生 μ 个后代。

4. 为 μ 个后代分配适应度分数。

5. 从 μ 个父代个体构建了 μ 个子代个体，并对子代个体应用比赛选择机制。

6. 如果终止条件满足，则退出；否则，转到步骤3。

6.8　遗传算法在医疗保健中的应用

遗传算法（GA）也被认为是搜索算法和调度启发式算法。如前所述，在本章中，当问题域过大且传统解决方案难以执行时，应用遗传算法是非常合适的。遗传算法可以生成大量可能的解决方案，并利用它们找到具有特定适应度函数的最优解。数据科学活动包括数据识别和采集、数据管理、数据分析以及数据可视化。这些活动处理大量的、不具有统一结构的数据。在这里，遗传算法有助于识别数据集群、管理数据、调度和处理数据，并以多种不同的方式帮助其他数据科学活动。以下是遗传算法可用于管理数据科学相关活动的一些原因。

- 遗传算法对于处理搜索空间中的非线性问题非常有用。
- 遗传算法利用启发式在大规模复杂的搜索空间中进行搜索是很有效的；此外，遗传算法可以在这样的搜索空间中有效地执行全局搜索。
- 遗传算法具有鲁棒性和适应性。
- 遗传算法可以与人工神经网络、模糊逻辑等其他技术相结合；即遗传算法具有可扩展性，易于交叉使用。
- 遗传算法具有显著的噪声容忍性和自然进化性。

6.8.1　医疗保健案例

医疗保健被定义为通过正确及时的诊断，治疗，以及对疾病或人体任何不舒服的健康状况的预防来关心自己的健康。为了在不同的层次进行医疗保健，许多组织系统一起工作。作为一个影响大众的多学科领域，医疗实践产生了大量的数据，必须小心处理这些数据，以达到提高效率、降低成本、增加可用性的目的。这个领域是最重要的也是最复杂的。说它重要，因为它涉及人类的基本健康；说它复杂，因为其数据规模大，具有非结构性，并且内容种类繁多。相比其他行业，医疗保健涉及更大规模且更复杂的数据。此外，数据是问题解决和决策制定的基础，本质上其具有相对重要性和动态性。例如，在医疗保健领域，某些病毒在一段时间后对抗生素产生耐药性，这就导致了设计新的抗生素药物的需求。为此，必须研究许多使用类似抗生素治疗的患者的长期病史，以便确定病毒行为的模式。了解这些模式将有助于设计新的、强有力的、有效的抗生素药物。然而，一种新的抗生素药物很快就会失效，因为病毒也会对这种新药产生抗药性。所以，需要进行进一步的分析和模式发现，这显然比以前的分析和发现更复杂。日复一日，程序也变得更加复杂，因此需要专门的方法，比如遗传算法。这表明，在大规模复杂数据的情况下，利用数据科学技术处理医疗相关数据的时机已经到来。在数据科学领域中使用先进的、最新的技术应用可以使医疗从业者、保险公司、研究人员和医疗辅助人员受益。

如前所述，通过医疗实践产生的大数据可以用数据科学来处理。有很多活动需要通过处理其大规模性、复杂性和多样性来管理医疗数据。数据科学技术有助于为决策、诊断、资源管理和护理交付提供经济高效的数据处理。诸如数据采集、数据预处理和数据管理、数据分析和数据可视化等数据科学活动不仅有助于管理数据，还有助于发现知识并提高为患者提供的服务质量，这些患者是医疗设施的最终用户。

通常，医疗信息包括与患者、医生和其他专家、资源、药品和保险索赔等有关的信息。这些信息不是直接可用的，而是以复杂混合的形式提供给数据分析师。此外，信息是多媒体格式的。部分信息可以数字化并以多媒体形式存储，部分信息以人工录入文档的形式存储。健康信息学可以被进一步细分为多门学科，如图像信息学、神经信息学、临床信息学、公共卫生信息学以及生物信息学。

进化算法或遗传算法可用于管理多种应用的患者数据库。为了说明遗传算法的使用，本书讨论了患者自动调度的一个案例。自动调度很可能是一个有限的应用领域；然而，在更广泛的领域中，自动化是一个非常复杂的问题。在这里，调度必须照顾病人的紧急情况，医生的可用性，基础设施和资源的可用性，以及与保险有关的问题。直接计算最优解在本质上是非常严格的，因此可能不适合实际应用。可以利用遗传算法处理大规模搜索空间的能力。这种方法可能不会给出任何完美或最优的解决方案；然而，它提供了好的、可接受的解决方案，这实际上是可能的。

6.8.2　基于遗传算法的病人调度系统

正如本章前几节所讨论的，遗传算法从初始种群开始，随机选择个体作为域。随后，最初的种群将进行适应度测试。一些适应度差的元素可能被删除，同时一些好的候选个体被保留下来。之后，为了生成更多的候选个体，可以应用诸如变异和交叉算子。重复这个过程，直到令人满意的强候选个体得到了进化。

我们考虑与任务有关的信息。由于患者处于所有活动的中心，所以首先想到的是与患者有关的信息。如患者身份证号码、姓名、联系信息、所需医疗服务类别以及其他个人信息（如血型和年龄）等是与患者相关的基本信息。类似地，还需要基础设施的相关信息，例如医院的分部或专业（科室）、手术室、分配的病房、ICU设施，分配的护士以及使用的药物。关于医生、外部专家、辅助人员以及医疗保险的信息也起着重要作用。手术的安排可能取决于患者的现状，医生和麻醉师的可用性，甚至是医疗政策验证。图6-12说明了场景的复杂性。

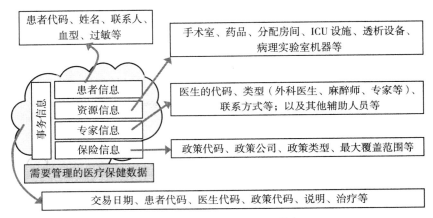

图 6-12   实际应用中可能的数据

为了验证提出的调度计划，可以在对应情况下使用一些常见验证：

- 没有病人可以一次进行多项活动。相反，典型的一系列活动是明确定义的。
- 每个资源一次使用一个。也就是说，手术室的一个单元一次仅用于一场手术。同样，一次性资源只能在任何时候使用一次。
- 每个活动可以执行一次。
- 每个活动都可以按特定顺序执行。

必须检查候选调度方案（个体）的上述限制条件。然而，尽管满足上述的验证条件，候选方案也不一定能成为最优方案。它还必须在所设计的适应度函数中生存下来。更好的想法是，在编码可能的解决方案时应用这些约束。收集各种约束（正如前面提到的约束）以便设计明确的约束集合，其可以用于验证算法所提出的解决方案。

该解决方案的整体设计如图 6-13 所示。

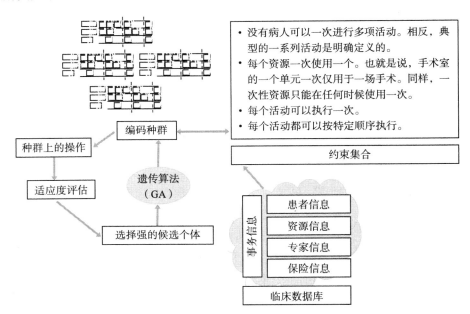

图 6-13   用遗传算法调度患者的活动

以下部分将详细介绍图 6-13 中显示的活动。

6.8.3   编码候选者

个体的编码方式是这样的，它必须代表个体的必要和重要特征，同时也提供了执行遗传操作的能力，例如变异和交叉。在应用变异和交叉之后，必须再次根据解决方案有效性的约束集来检查衍生解决方案。衍生的解决方案必须是可行的。这里，单个解决方案用多个数组表示，每个数组代表时间特征、资源特征和专家特征。不采用多个数组，单个多维数组也可以达到这个目的。Vili Podgorelec 和 Peter Kokol（1997）所做的工作使用了这样一个多维数组。图 6-14 给出了编码方案的一个例子。

从图 6-14 中可以清楚地看出，在给定的时间段内，资源和专家只能使用一次；因此不会出现冲突。在 T_1 时隙中，专家医生 D_1、D_3 和 D_4 使用资源 R_1 和 R_2。在给定时间段 T_1 内不可能交叉资源 R_1 和 R_2 或专家医生。这种编码可以通过在适当的地方增加一层来进一步改进，这个地方管理个体编码中的附加属性。例如，可以添加医疗保险状态或者与资源和专家有关的任何特殊要求。

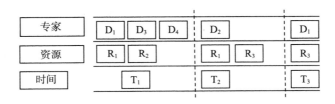

图 6-14   个体编码示例

初始种群包含许多这种随机选择的个体。在向初始种群中添加个体之前，必须检查其有效性。为此，应用约束集合。解决方案中的任何无效候选方案都将从群体中删除。一旦确定了初始种群中的有效候选个体，就会进行选择、变异、交叉操作，使其产生更多候选个体。应用遗传算子（如变异和交叉）可能会导致种群中候选个体数量的增加（或减少）。现在，修改后的种群被称为新一代。

6.8.4   种群上的操作

本节描述编码个体的可能操作，如选择、变异和交叉。

6.8.4.1   选择

可以通过排名调度表来完成选择。想要选择适当的调度表，可以考虑下述一些标准。

- 完成整体活动所需的时间。
- 一个或多个资源的空闲时间。
- 等待患者的时间。
- 给定专家的连续时间表。

对于每个种群的候选个体，使用上述参数的函数来评估适应度分数。一个调度表必须存在尽可能少的等待时间，即减少资源或专家的空闲机会，同时留出足够的空间使得医生行动舒适。使用轮盘或比赛进行选择，候选个体被移除或保留在种群中。

6.8.4.2 变异

一次变异只需要一名候选个体。从种群中选出一名候选个体，并改变一些资源和专家。这产生了具有新调度表的个体，并且必须根据有效性约束对其进行测试。有些资源和专家仅限于变异操作。图 6-15 说明了调度表上的变异操作。

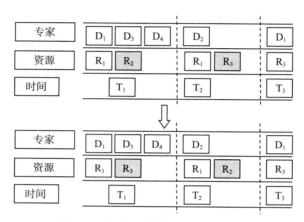

图 6-15　在编码个体上执行变异操作

在图 6-15 所示的例子中，变异操作是以下述方式完成的，即资源 2（标记为 R_3）不会被连续使用。

6.8.4.3 交叉

在资源的交叉操作中，专家也可用于产生新的个体。交叉函数需要两个个体交换相同数量的资源和专家，才能生成新的资源组合。通常建议，在应用交叉函数后检查所得个体的有效性。

经过足够数量的交叉和变异操作后，群体可能已达到饱和水平。任何进一步的操作可能会导致较差的候选个体或群体没有改善。在这里，我们可以停止进化过程。

> **真实世界案例 3：环境监测**
>
> 　　其目标是对城市环境中的污染进行测量。特别地，对室外环境温度、湿度和空气污染的测量。此外，一些传感器用于获取这些信息；也可以利用车辆上的移动传感器。遗传算法可以适应环境问题的实际情况，可用于环境监测和环境质量评估。

6.8.5　其他应用

除了医疗保健领域，在其他领域中，遗传算法也能够得到有效利用。下面列出了一些应用领域：

- 在互联网平台上，有很多数据可用；但这些数据中的大部分并不是直接有用的。考虑一家企业中高级职员间的电子邮件通信。这样的会话包含了关于业务的高质量知识。然而，它可能有一些关于情绪以及与当前趋势无关的信息。此外，就内容而言，电子邮件的结构也各不相同。邮件的发件人、收件人以及主题等其他字段是结构化的，但邮件内容是自由形式的。除了电子邮件，还有社交网络平台、博客和其他网站也可以在同一个平台上使用。电子邮件在内容中可能涉及其中的一个。遗传算法可以通过设计适当的聚类算法来帮助管理这些数据。这些数据可以在斯坦福大学（斯坦福大规模网络数据集）[⊖]和 CMU[⊖]的网站上获得，这是一个由 CALO（学习和组织的认知助手）项目编制的 Enron 电子邮件数据集。

- 类似的（对上述一种）遗传算法的应用可以是引文网络分析、协作平台网络（如维基百科）分析、亚马逊网络以及在线社区。可以在这些领域使用遗传算法进行聚类、调度、分析和可视化。

- 正如前面的例子中提到的知识聚类或用户聚类，可以在 Internet 平台上为各种应用（如 Twitter、邮件、聊天、博客以及其他领域）进行聚类，也可以将电子商务用户聚类到不同的组中。电子商务购物智能体 / 指导程序可以在主动推荐新产品和分配整体购物时使用这些知识。此外，也可以使用遗传算法对产品反馈、促销、产品价格优化和建议进行操控。即使其数据不在网上，大型且以数据为中心的公司也可以利用遗传算法进行分析。

- 数据挖掘和 Web 挖掘是一种通用的应用程序，可以利用遗传算法在数据仓库和 Web 上挖掘复杂的隐藏模式。例如，从大规模数据仓库（可能是分布式的）或大量的数据仓库中，遗传算法可以挖掘有用的模式或分类规则。类似地，遗传算法也可以用于学习大型数据仓库的概念。这些工作由 Jing Gao 等人（2008）完成。

- 与金融和投资有关的数据也很复杂，因为许多参数同时且不断地影响它们。遗传算法可以通过学习领域内的复杂模式来帮助预测。

- 在汽车和工程设计领域，遗传算法可用于找到最佳材料和最佳工程设计的最优组合，以提供更快、更省油并且更加安全和轻便的车辆。类似的进化硬件设计理念也可以用于工程数据领域。

- 电信数据也非常复杂，难以处理。遗传算法可用于寻找电话呼叫的最佳路径和高效路由。遗传算法也可用于优化基站的布局和路由，以实现最佳覆盖，并且易于切换。在旅游和交通领域中，也可以设计类似的应用。

- 对于电脑游戏，即使由于明确定义的规则（例如国际象棋）而被归类为正式任务，也可以应用遗传算法来提示游戏的未来行为。

除了上述的各领域应用之外，遗传算法还可以用于调度、聚类、预测以及搜索。遗传算法通过采用类人的启发式方法以最有效的方式解决具有挑战性的问题。

⊖ http://snap.stanford.edu/data/

⊖ http://www.cs.cmu.edu/~enron/

真实世界案例 4：基因表达谱分析

微阵列技术用于拍摄细胞或细胞群中基因表达的快照，这种技术的发展对医学研究是一种优势。例如，这些表达谱文件可以区分正在积极分裂的细胞，或显示细胞如何对特定治疗做出反应。遗传算法正在开发中，可以更快、更简单地分析基因表达谱。这有助于区分哪些基因在许多疾病中起作用，并有助于确定疾病发展的遗传原因。这是个性化医疗的关键一步。

6.9   练习

1. 简要概述一般的进化算法。此外，遗传算法和进化策略之间有什么相似之处和不同之处？
2. 解释遗传算法的参数在控制变异和交叉上的作用。
3. 给定下述父代个体 P_1 和 P_2，以及模板 T。

P_1	A	B	C	D	E	F	G	H	I	J
P_2	E	F	J	H	B	C	I	A	D	G
T	1	0	1	1	0	0	0	1	0	1

说明下述关于遗传算法的交叉操作是如何进行的：

- 均匀交叉
- 基于顺序的交叉

请注意，均匀交叉使用两个父代个体间固定的混合比，使得染色体在基因水平上贡献，而不是在片段级上。例如，混合比固定为 0.5；那么后代的一半基因将来自一个父代的基因，另一半来自另一个父代。可以随机选择交叉点。

4. 说明遗传算法设计的两个方面，它将导致种群快速收敛。在你的回答中，请参考遗传算法的两个基本阶段（选择和复制）。
5. 请解释，如何使用进化算法解决旅行商的问题。用适当的例子和图表说明你的答案。
6. 请描述你自己的想法，将进化算法与任何机器学习方法联系起来。
7. （项目）当我们试图建立一个高效的股票投资组合时，我们必须考虑一些重要的因素。问题是评估函数包含一些定性因素，这些因素导致了多数近似值的偏离。探索一种基于遗传算法的组合评估方法。通过在股票投资组合中使用一套适应度启发式方法，目标是找到一个投资组合，使其具有高的期望收益。
8. （项目）研究进化神经网络的不同方法。首先，对使用遗传编程（GP）创建神经网络的技术进行比较。例如，GP 中的函数可以用来构造包含输入、输出和任意数量的中间节点的有向图。
9. （项目）在线社交网络在其商业价值方面产生了很大的期望。由于在线社区中的用户数量不断增加，在社交网络中实施的营销活动越来越受欢迎。为了优化营销活动，探索基于聚类算法、遗传算法以及决策树的混合预测模型。

参考文献

Fogel, L. J., Owens, A. J., & Walsh, M. J. (1966). *Artificial intelligence through simulated evolution*. New York: Wiley.

Gao, J., Ding, B., Fan, W., Han, J., & Yu, P. (2008). Classifying data streams with skewed class distributions and concept drifts. *IEEE Internet Computing, Special Issue on Data Stream Management*, pp. 37–49.

Hayes, G. (2007, October 9). *Genetic algorithm and genetic programming*. Retrieved October 27, 2015, from http://www.inf.ed.ac.uk/teaching/courses/gagp/slides07/gagplect6.pdf

Holland, J. H. (1975). *Adaptation in natural and artificial systems*. Cambridge: The MIT Press.

Podgorelec, V., & Kokol, P. (1997). Genetic algorithm based system for patient scheduling in highly constrained situations. *Journal of Medical Systems, 21*, 417–447.

第7章
其他元启发式和分类方法

7.1 引言

本章考虑了一些有效的适用于智能数据分析的元启发式和分类技术。首先讨论了自适应的记忆过程和群体智能的元启发式方法，然后给出了基于案例推理和粗糙集的分类方法。

数据挖掘任务中已经应用了元启发式算法。竞争的元启发式方法能够处理规则、树和原型归纳，神经网络合成，以及模糊逻辑学习等。而且，元启发式的内在并行性使其成为尝试大规模数据科学问题的理想选择。然而，为了在数据科学中发挥相关作用，元启发式需要具备在实际允许时间内处理大数据的能力，以便有效利用目前可用且卓越的计算能力。从根本上说，所有启发式都会产生一种模式，其当前状态取决于过去状态的顺序，因此包含了一种隐式的记忆形式。记忆结构的显式使用构成了很多智能求解算法的核心；这些方法侧重于开发策略性的记忆设计。高性能算法对于尝试具有挑战性的优化问题的重要性是不可低估的，在某些情况下，适合的方法是元启发式。在设计元启发式时，最好让它在概念上简单且有效。

分类系统在业务决策中具有重要作用，它根据一些标准对可用信息进行分类。人工智能文献中的各种统计方法和启发式方法已用于任务分类。其中的很多方法也已应用于不同的决策场景，如企业危机预测、投资组合管理以及债务风险评估。在案例推理（CBR）中，其方法是对现有需求与现有情况进行比较和评估的过程。但是，"规则"方法是基于特定情况下完成特定任务的因果关系。粗糙集理论是一种分析和建模的方法，其主要涉及分类和决策问题，处理模糊的、不精确的、不确定的或不完整的信息。

本章讨论的方法已成功应用于医学、药理学、工程学、银行业、财务、市场分析、环境管理等许多现实生活中的问题。

7.2 自适应记忆过程

元启发式包含各种算法理论中的方法，如遗传算法、蚁群系统、自适应记忆过程以及分散搜索。这些是使用内存的迭代技术，在搜索过程中收集信息并存储在内存中。

流行的混合进化启发式是一种遗传局部搜索算法，其将标准的局部搜索与标准遗传算法相结合。一种较新的混合元启发式算法是自适应记忆过程。自适应记忆过程（AMP）的一个重要原则是，通过将其他好的解决方案的不同组成部分组合起来，可以构造出好的解决方案。将访问过的解决方案的组件存储在内存中。周期性地，使用存储器中的数据构建新的解决方案，并通过局部搜索过程进行改进；然后使用改进的解决方案更新内存。

Taillard 等（2011）将自适应记忆过程描述为利用内存结构获得解决方案的过程。具体而言，他们在这些方法中确定了下述特征：

- 在内存中存储解决方案的集合，以及一种特殊的数据结构，该结构是对搜索所产生的解决方案的特征的聚集。
- 使用存储器中的数据构造一个临时解决方案。
- 使用贪心算法或更复杂的启发式算法改进临时解决方案。
- 新的解决方案被添加到内存或用于更新数据结构，其中数据结构用于记录搜索历史。

随着时间的推移，不同记忆策略的使用也被纳入到其他启发式中。

7.2.1　禁忌搜索

禁忌搜索（TS）是一种元启发式方法，它指导局部的启发式搜索过程，用于探索比当前局部最优方案更好的解空间（Gendreau 2002）。TS 的一个主要组成部分是它使用了自适应记忆，能够创造更灵活的搜索行为。TS 基于这样的假设，即求解问题必须包含自适应记忆和响应性探索（Glover 和 Laguna 1997；Hertz 和 de Werra 1991）。TS 技术最近成为设计求解硬组合优化问题程序的首选。TS 还被用来创建其他启发式和算法方法的混合程序，为调度、排序、资源分配、投资规划、电信等其他领域的问题提供改进的解决方案。

为了理解 TS，首先我们必须了解局部搜索（LS）算法的结构。

LS 程序从初始解决方案开始，使用邻域搜索和选择进行迭代改进。在每次迭代中，通过对现有解决方案进行小修改来生成一组候选方案。然后选择最优候选个体作为新的解决方案。使用多个候选方案使得搜索能够朝着最优值进行最大改进。搜索迭代执行固定次数或直到满足停止标准。

在 LS 程序中，必须考虑下述设计方面：

- 解决方案的描述：确定要修改的数据结构；
- 邻域函数：定义新解决方案的生成方式；
- 搜索策略：确定在候选个体中选择下一个解决方案的方式。

爬山算法是 LS 的一种特殊情况，其中爬山算法生成的新的解决方案总是优于或等于之前的解决方案。爬山算法总是找到最近的局部最大值（或最小值），之后就不能再继续改进了。该算法仅执行上坡移动（即，应用邻域函数）。应用特定问题域的知识来设计邻域函数。也有可能不存在邻域，但这种移动是对现有解决方案的确定性修改，以便改进解决方案。

禁忌搜索（TS）是传统局部搜索的变体，其以确定性方式使用次优移动。它使用先前解决方案（或移动）的禁忌清单，并以这种方式防止搜索返回到最近访问过的解决方案。这迫使搜索向新的方向移动。

真实世界案例 1：预测病人对高效医院招聘的需求

　　如今，通过将所有相关的、可用的数据结合起来，以及通过应用已验证的优化技术，超级专科医院既可以保留其运营利润，也可以提高患者的护理水平。这些医院经常使用数据分析解决方案来精确预测患者的流入情况，并确定其等待时间是否达到了医院设定的目标。如果等待时间超过目标，其将再次运行模拟，直到达到目标要求。在这个过程中，该工具可以计算每个区的护士的最佳数量（例如，每个区 5 小时）。然后，该工具将这个数字以及工作模式、批准的假期、偏好、每周的工作量以及其他约束等输入到优化模型中，使护士进行轮班。在这里，可以开发模型，使用禁忌搜索和其他方法的组合来近似全局最优解，找到最佳拟合，最小化调度表中出现的冲突。

　　TS 的基本原理是奉行局部搜索，即当它遇到局部最优时，可以允许不改进的移动；通过使用记忆来避免返回到以前访问过的解决方案，这被称为禁忌列表，其记录了最近的搜索历史，这是一个可以与人工智能概念联系起来的关键思想。

　　基于新近性的存储是 TS 实现过程所使用的存储结构，这种存储结构跟踪最近发生变化的解决方案的属性。为了利用这种存储，最近访问的解决方案中出现的选择属性被标记为禁忌激活，并且包含禁忌激活元素或这些属性的特定组合的解决方案也被标记为禁忌。在 TS 中使用新近性和频率存储能够防止搜索过程循环。

　　TS 中的一个重要趋势是交叉（hybridization），即将 TS 与其他解决方案（如遗传算法）结合使用。

7.2.2　分散搜索

　　分散搜索（SS）可以被认为是一种基于进化或基于种群的算法，该算法通过组合其他算法来构建解决方案。SS 方法的目的是实现解决方案的程序，该程序可以从组合元素中生成新的解决方案（Laguna 和 Mart'I 2003）。

　　SS 方法非常灵活，因为它的每一个元素都可以用各种各样的方法和复杂程度来实现。迄今为止，大多数 SS 实现主要参考分散搜索模板。

　　在本小节中，我们给出基于"五种方法模板"（five-method template）实现 SS 的基本设计。SS 的增强功能与这五种方法的实施方式有关。图 7-1 说明了五种方法之间的相互作用，并强调了参考集的核心作用。复杂性来自 SS 方法的具体实现，而不是包含或移除某些元素的决策（如 TS 或其他启发式方法的情况）。

　　实现 SS 的"五种方法模板"如下所示：

　　1. 采用多样化生成方法，以任意的试探方案作为输入，生成各种试探方案的集合。

　　2. 一种改进方法，将试探方案转换为一个或多个增强的试探方案。无论是输入方案还是输出方案都不需要是可行的。如果没有改进输入试探方案，那么增强的方案被认为与输入方案相同。

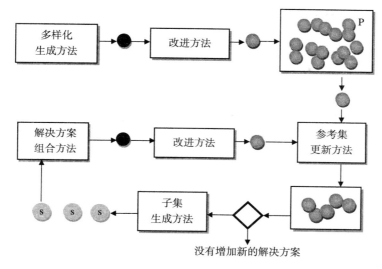

图 7-1　典型的 SS 设计示意图

3. 一个参考集更新方法，用来创建和保存一个包含最优方案的参考集，并组织起来使得其他部分可以被有效访问。方案根据其质量或其多样性，获得对参考集的隶属资格。

4. 在参考集上运行的子集生成方法，其生成一些方案的子集并将这些子集作为创建组合解决方案的基础。

5. 一种方案组合方法，将子集生成方法中生成的给定子集转换为一个或多个组合的解向量。

与遗传算法中的种群不同，分散搜索中方案的参考集往往很小。如第 6 章所介绍的，在遗传算法中，从种群内随机选择两个解决方案，并应用"交叉"或组合机制来生成一个或多个后代。遗传算法中的典型群体由 100 个元素组成，这些元素被随机抽取并用来创建组合。相反，分散搜索以系统的方式选择参考集中的两个或更多个元素，以便创建新的方案。由于组合过程至少考虑参考集中的所有方案对，因此实际上需要保持集合的基数较小。通常，分散搜索中的参考集有 20 个或更少的解决方案。一般而言，如果参考集由 b 个解决方案组成，则该过程检查四种不同类型的组合个数约为 $\dfrac{(3b-7)b}{2}$。基本类型包括组合两种解决方案；下一种类型组合了三种解决方案，等等。将搜索范围限制为选择性组合类型，可用作控制给定参考集合中可能组合数量的机制。

简而言之，遗传算法方法是基于随机选择父母以产生后代的想法，并且进一步引入随机化来确定父母的哪些组成部分应该组合。相反，SS 方法不强调随机化，尤其是 SS 并不关心替代方案的选择。而这种方法包含了确定性和概率性的策略响应，考虑了适应度和历史信息。SS 侧重于产生相关结果且不丢失产生多样化解决方案的能力，这是由生成过程的实现方式决定的。

7.2.3   路径重连

路径重连是一种搜索技术，旨在探索给定的好的解决方案集合（通常是两个）之间的搜索空间或路径。目标是在从集合中好的解决方案之间生成一组新的解决方案。

路径重连框架获取那些被添加到分散搜索中的特征。从空间上来说，生成一组参考方案的线性组合过程可以被描述为在这些方案之间和之外生成路径，其中这些路径上的解决方案也用作生成附加路径的源节点。这就引出了一个更大的概念，即创建解决方案组合的意义。要生成所需的路径，必须选择将要执行的移动：从一个启动方案开始，移动必须逐步将启动方案的属性引入到向导方案所贡献的属性，或减少启动方案和向导方案属性间的距离。

启动方案和向导方案的作用是可以互换的；作为产生组合的方式，也可以诱导每种解决方案同时向另一方向移动。在部分或完全构造的方案中，来自精英父母的属性的结合预示着分散搜索的另一个方面，它包含在一个附带的建议中，该建议将优先值分配给一致且十分确定的变量子集。其目的是对那些经常或高度影响高质量方案的因素进行隔离，然后将这些因素的兼容子集引入到由启发式程序生成或修改的其他解决方案中。

通过考虑一组向导方案的组合属性，在路径重连中可能生成多个父节点的路径，其中这些属性被加权以确定哪些移动具有更高优先级。在邻域空间中生成这样路径的特征是"重连"了搜索历史中未连接过的点，因此该方法被命名为重连。

示例：我们考虑 5 个任务的 2 种排列：$\eta_1 = \{a, b, e, c, d\}$，$\eta_2 = \{b, c, d, a, e\}$。我们有一组交换移动的集合，将 η_1 变换成 η_2，如 (a, 1, 4)，这意味着放置在 η_1 的位置 1 上的任务将被放置在 η_1 的位置 4 上，这便是任务 a 在 η_2 中的位置。

与此同时，η_1 中任务 c 的位置（c 处于位置 4）将放置在位置 1，即 c 与第一个任务进行了交换。表 7-1 列出了将 η_1 变换为 η_2 的一系列移动。

表 7-1   路径重连的交换移动，η_1 变换为 η_2

移动	排列
	(a, b, e, c, d) = η_1
(a, 1, 4)	(c, b, e, a, d)
(b, 2, 1)	(b, c, e, a, d)
(e, 3, 5)	(b, c, d, a, e) = η_2

关于选择路径重连的 2 个个体，我们可以从当前的种群中选择它们，或者我们可以从一组精英方案中选择 2 个个体。

7.3   群体智能

群体智能（SI）启发式是（自然或人工）一种分布式的、自组织系统的集体行为。SI 系统通常由一系列简单的智能体组成，这些智能体在局部与彼此或与环境相互作用（Kennedy 和 Eberhart 2001）。智能体遵循非常简单的规则，尽管没有集中控制结构来指示智能体应该如何行动，局部的、某种程度上随机的智能体间的相互作用也会导致全局的"智能"行为，甚至智能体本身都不知道。SI 的自然例子包括蚂蚁群落、鸟群、动物放牧、细菌生长和鱼群。

在群体智能中，有用的信息可以从个体的竞争和合作中获得。一般来说，有两种方法将群体智能应用于数据挖掘技术。第一种技术是指群体中的个体在数据挖掘任务空间中移动并搜索解决方案。这是一种搜索方法；群体智能用于优化数据挖掘技术，如参数调优。在第二种方法中，为了找出合适的聚类或低维映射解，群体会移动被置于低维特征空间的数据实例。这是一种数据组织方法；群体智能直接应用于数据样本，例如数据的降维。

一般而言，数据挖掘通常采用群体智能来解决单目标和多目标问题。基于粒子群的两个特征，即自我认知和社会学习，粒子群在数据聚类技术、文档聚类、聚类高维数据、半监督学习的文本分类以及 Web 数据挖掘等方面得到了应用。在群体智能算法中，同时存在多个解。

群体智能已广泛用于解决具有不确定性的平稳问题和动态优化问题。一般而言，优化问题的不确定性可以分为以下几类。

1. 适应度函数或其处理的数据是包含噪声的。

2. 设计的变量和环境参数可能在优化后发生变化，并且所获得的最优解的质量应该对环境变化或与最优点的偏差具有鲁棒性。

3. 适应度函数是近似的，例如基于代理的适应度评估，这意味着适应度函数会有一些近似误差。

4. 问题空间中的最优解可能随时间而改变。算法应能够连续地跟踪最优解。

5. 优化目标可能随时间而改变。优化需求可以适应动态环境。

在上述这些情况下，必须采取额外的措施，使得群体智能算法仍能令人满意地求解动态问题。

7.3.1 蚁群优化

蚁群优化（ACO）启发式算法用于寻找难解的离散优化问题的最优解和近似解（Teodorovic′ 和 Dell'Orco 2005）。需要解决的问题被模拟为在图中搜索最小成本的路径。人工蚂蚁游走于图中，每条路径对应问题的潜在解决方案。人工蚁的行为受到真正蚂蚁的启发：它们将信息素（一种化学物质）沉积在路径上，其数量与该路径所代表的解决方案的质量成正比；它们概率性地求解竞争的目的地，其中概率与先前迭代中收集的信息素成比例。这种间接的通信形式被称为协同机制（一种智能体或动作之间的间接协调机制），加强了对搜索空间中最有希望的部分所进行的搜索。另一方面，还有一定程度的信息素被蒸发，它可以让一些过去的历史被遗忘，从而多样化搜索空间，以搜索新区域。集约化和多样化之间的折中受修改参数的影响。

ACO 中的个体与真正的蚂蚁共享的特征如下所述：

● 能够对局部环境做出反应，在几条路径中能够确定哪条最具吸引力。

- 有限的视野，可以分辨它们附近的哪条路径最短。
- 存放信息素的能力。

这意味着任何一个蚂蚁都没有整个网络的概述。它仅限于感知其直接的环境。这使得解决全局优化问题的能力更加令人兴奋。

7.3.2 人工蜂群算法

人工蜂群（ABC）算法是一个基于蜜蜂食物搜索行为的群体智能程序。Tereshko 基于反应扩散方程开发了蜜蜂群体觅食行为模型（Tereshko 和 Loengarov 2005）。Tereshko 模型的主要组成部分如下：

1. 食物源：为了选择食物源，觅食者可以评估与食物源有关的多种特性，如与蜂房的距离、能量的丰富性、花蜜的味道以及汲取这种食物的难易程度。

2. 雇佣蜂：雇佣蜂（被雇佣的蜜蜂）活跃于它目前正在开发的特定食物源。它携带有关该食物源的信息，并与蜂巢中等待的其他蜜蜂共享。这些信息包括食物源的距离、方向和盈利能力。

3. 非雇佣蜂：寻找和开采食物源的蜜蜂被称为非雇佣蜂。它可以是随机搜索环境的侦察蜂，也可以是试图通过雇用蜜蜂提供的信息寻找食物源的跟随蜂。

在 ABC 算法中，食物源的位置代表了优化问题的可能解，并且食物源的花蜜量对应于其解的质量（适应度）。

在 D 维搜索空间中，每个解（S_{xy}）如下表示，

$$S_{xy} = \{ S_{x1}, S_{x2}, \cdots, S_{xD} \}$$

其中，$x = 1, \cdots, SP$ 代表群体中解的索引，并且 $y = 1, \cdots, D$ 是优化参数的索引。

概率值是单个食物源的适应度值与所有食物源适应度值的和之间的比值，其用于确定特定食物源是否有潜力获取新食物源的状态。

$$P_g = \frac{f_g}{\sum f_g}$$

其中 f_g 是食物源的适应度，P_g 是食物源的概率。

一旦分享当前跟随蜂和雇佣蜂之间的信息，若适应度高于原来的解，则新食物源的位置计算如下：

$$V_{xy}(n+1) = S_{xy}(n) + [\varphi_n \times (S_{xy}(n) - S_{zy}(n))]$$

其中 $z = 1, 2, \cdots, SP$ 是随机选择的索引，必须与 x 不同。$S_{xy}(n)$ 是第 n 次迭代的食物源位置，而 $V_{xy}(n+1)$ 是其在第 $n+1$ 次迭代中修改后的位置。φ_n 是 $[-1, 1]$ 范围内的一个随机数。参数 S_{xy} 被设置以符合可接受的值并被修改为下式：

$$S_{xy} = S_{min}^y + \mathrm{ran}\left(0, 1\right)\left(S_{max}^y - S_{min}^y\right)$$

在上述公式中，S_{max}^y 和 S_{min}^y 分别是第 y 个参数的最大值和最小值。

虽然雇佣蜂和侦察蜂有效地利用和探索了解空间，但是跟随蜂移动的最初设计只考虑了

雇佣蜂的食物源之间的关系，这是由轮盘的选择决定的，而食物源是随机选择的。这种考虑降低了探索能力，从而导致过早收敛。此外，位置更新系数基于一个随机数生成器，该随机数生成器显示了高阶位比低阶位更随机的倾向。

7.3.3　河流形成动力学

　　河流形成动力学（RFD）是一种类似于蚁群优化的启发式方法。事实上，RFD可以被看作是ACO的梯度版本，其基于侵蚀土壤和沉积物来复制水形成河流的方式。由于水能够改变环境，所以地点的高度被动态地修改，并且还构造了递减的梯度。在梯度下降过程中，会产生新的梯度，从而增强最好的梯度。通过这样做，好的解决方案以降低高度的形式给出。该方法已应用于求解不同的NP-完全问题，如寻找最短距离树，以及在可变代价图中寻找最小生成树等问题。

　　事实上，RFD特别适合一种覆盖树的问题。

　　RFD算法的基本框架如下所示：

```
initializeDrops()

initializeNodes()

while (not allDropsFollowTheSamePath()) and (not
otherEndingCondition())

  moveDrops()

  erodePaths()

  depositSediments()

  analyzePaths()

end while
```

　　上述算法框架说明了该算法的关键思想。首先，所有的drop都被放在初始节点中。然后，图的所有节点都被初始化。这主要包括两种操作：目的地节点的高度固定为0，其余节点的高度设置为相同的值。执行该算法的while循环，直到所有的drop遍历相同的节点序列，或者满足另一个终止条件。循环中的第一步以部分随机的方式在图的节点间移动drop。在下一步，根据前一步骤中drop的移动，路径被侵蚀。如果drop从节点P移动到节点Q，则我们侵蚀P。确切地说，根据P和Q之间的当前梯度，该节点的高度降低。侵蚀过程防止drop形成环，因为为一个环必须至少包括一个坡度，而drop不能爬上环。一旦侵蚀过程完成，图中所有节点的高度都会增大。最后一步，分析drop发现的所有解，并保存迄今为止发现的最优解。

7.3.4　粒子群优化

　　受社会行为模拟的启发，人们提出了粒子群概念。粒子群优化（PSO）只需要原始的数学运算符，并且在内存需求和时间方面的计算代价较低。在少数几代中，粒子表现出对局部或全局最优解的快速收敛。

PSO 中的群体由多个粒子组成。每个粒子代表了优化任务的潜在解。根据新的速度（包括其以前的速度）以及过去的最优解和全局最优解的移动向量，每个粒子会移动到一个新的位置。然后保留当前最优解；每个粒子不仅在局部最优解的方向上加速，而且也在全局最优解的方向上加速。如果一个粒子发现了一个新的可能解，那么其他粒子将会靠近它并探索该区域。我们标记群体的大小。一般来说，粒子具有三个属性，粒子的当前位置、当前速度以及过去的最佳位置，粒子的特性使搜索空间中的粒子呈现其特征。群中的每个粒子会根据上述属性进行更新。自适应 PSO 的原理描述如下。

图 7-2 给出了 PSO 算法的流程图。在 PSO 过程中，每个可能的解都表示为一个带有位置矢量 $\boldsymbol{x}$ 的粒子和移动速度 $\boldsymbol{v}$，其中位置矢量也称为相位加权系数，用 $\boldsymbol{b}$ 表示。对于 K 维优化问题，第 i 个粒子的位置和速度可以分别表示为 $\boldsymbol{b}_i = (b_{i,1}, b_{i,2}, \cdots, b_{i,K})$ 和 $\boldsymbol{v}_i = (v_{i,1}, v_{i,2}, \cdots, v_{i,K})$。每个粒子都有其自己的最优位置 $\boldsymbol{b}_i^p = (b_{i,1}, b_{i,2}, \cdots, b_{i,K})$，对应于目前为止在时间 t 获得的最优目标值，被称为 p 最优。全局最优（g 最优）粒子记为 $\boldsymbol{b}_i^G = (b_{g,1}, b_{g,2}, \cdots, b_{g,K})$，它代表了整个群体中 t 时刻迄今为止最好的粒子。粒子 I 的新速度 $\boldsymbol{v}_i(t+1)$ 更新为下式

$$\boldsymbol{v}_i(t+1) = w\boldsymbol{v}_i(t) + c_1 r_1 \left(\boldsymbol{b}_i^p(t) - \boldsymbol{b}_i(t)\right) + c_2 r_2 \left(\boldsymbol{b}^G(t) - \boldsymbol{b}_i(t)\right)$$

其中 w 被称为惯性权重，$\boldsymbol{v}_i(t)$ 是 t 时刻粒子 i 的旧速度。显然地，从这个方程中，新速度与旧速度加权有关，也与粒子本身的位置、全局最优粒子的位置以及加速度常数 c_1 和 c_2 有关。上式中的加速度常数 c_1 和 c_2 调整 PSO 系统中的张力。低值允许粒子在被拉回之前，在远离目标的区域游走；而高值则导致朝向或经过目标区域的突然移动。因此，加速度常数 c_1 和 c_2 分别被认为是认知率和社会率，因为它们表示将单个粒子拉向个人最优和全局最优位置的加速项的加权。粒子的速度被限制在区间 $[v_{min}, v_{max}]$。如果速度的某个元素超出阈值 v_{min} 或 v_{max}，则将其设置为相应的阈值。

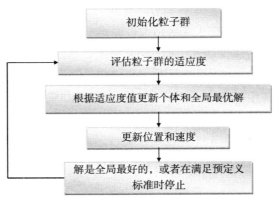

图 7-2   PSO 算法流程图

惯性权重 w 用来控制以前的速度历史对当前速度的影响。高权重便于搜索新区域，而低权重便于在当前搜索区域进行精细搜索。适当选择惯性权重可以在全局探索和局部利用之间找到一个平衡，并且可以减少平均迭代次数，进而找到一个足够好的解。为了模拟自然群

体行为中略微不可预测的因素，应用两个随机函数 r_1 和 r_2 来独立地提供范围 [0,1] 中的均匀分布的随机数，以随机地改变个体和全局最优粒子的相对拉力。基于更新的速度，根据下述等式计算粒子 i 的新位置：

$$\boldsymbol{b}_i(t+1) = \boldsymbol{b}_i(t) + \boldsymbol{v}_i(t+1)$$

然后根据计算出的新速度和位置移动粒子群，并趋向于从不同方向聚集在一起。因此，再次评估新粒子群的相关适应度。该算法迭代运行这些过程直到其停止。

真实世界案例 2：交通系统中的群体智能

在一些城市中会出现交通问题，处理这些问题是一件非常复杂的事情，因为交通信息实时变化，并且所有交通系统都受到车辆数量、天气状况、交通事故等因素的影响。因此，有必要发展智能交通，达到有效且安全地处理交通的目的。群体智能是管理和获取这些交通相关数据的有效途径。

7.3.5　随机扩散搜索

随机扩散搜索（SDS）是一种基于智能体的概率全局搜索和优化技术，最适合于有关目标函数可以被分解为多个独立的部分函数的问题。它依赖于多个智能体的候选解的并发部分评估，以及这些智能体之间的通信，以在搜索空间中定位到目标模式的最优匹配。

在 SDS 中，每个智能体都维护一个假设，该假设通过评估一个随机选择的部分目标函数（由智能体当前的假设对该函数参数化）来进行迭代测试。在 SDS 的标准版本中，这种部分函数评估是二元的，其导致每个智能体处于活跃或不活跃状态。关于假设的信息通过智能体间的通信在整个群体中传播。

SDS 算法的概要如下所示：

初始化：所有智能体分别产生一个初始化假设

while 停止条件不满足

　测试：所有智能体执行假设评估

　扩散：所有智能体采取一种通信策略

　相关（可选）：具有相同假设的活跃智能体随机地停用

　停止：评估停止条件

end while

作为第一步，智能体的假设参数需要初始化。存在多种不同的初始化方法，但是对于算法的基本理解不需要规范初始化方法。

所有智能体通过从目标中随机选择一个或几个微特征来评估它们的假设，根据假设定义的转换参数将这些微特征映射到搜索空间中，并将它们与搜索空间中相应微特征进行比较。根据比较结果，智能体被分为两组：活跃或非活跃。活跃智能体已成功在目标搜索空间中找到一个或多个微特征；非活跃智能体则没有找到。

在扩散步骤中，每一个非活跃智能体随机挑选另一个智能体并进行通信。如果所选择的智能体处于活跃状态，则该智能体复制其假设。如果所选的智能体处于非活跃状态，则智能体之间不存在信息流；否则，该智能体采用新的随机假设。另一方面，活跃智能体不会在标准的 SDS 算法中启动通信会话。

与在 ACO 中使用的通信方式不同，在 SDS 算法中，智能体通过一种一对一的通信策略来传递假设，类似于在某些种类的蚂蚁中观察到的串联运行过程。积极的反馈机制可以确保随着时间的推移，一群智能体会稳定在全局最优解的附近。

7.3.6 群体智能与大数据

群体智能已经成为一种新兴的自然计算智能领域。它的动机来自于大量个体的集体行为，其相互协作，努力实现共同的目标。

需要用大数据分析来快速地管理大量的数据。所分析的问题可以被建模为优化问题（Cheng 等 2013）。一般而言，优化关注于在允许的时间内为给定问题找到"最优可用"解，并且问题可能有多个最优解，其中许多解都是局部最优解。

群体智能有四大潜力：

1. 优化：从一些可用的替代解中选择最优解（根据某些标准）。例如，粒子群优化可用于城市水资源规划的工程设计问题。

2. 聚类：根据它们的相似性收集一组对象。例如，在救援机器人中应用人工蜂群算法进行群体构造和任务分配。

3. 调度：根据工作人员自己的愿望和限制，为工人分配轮班和休息时间。例如，粒子群优化用于解决大型工作场所（如医院和机场）的人员配置问题。

4. 路由：寻找从源节点到目的节点遍历的最佳路径集。蚁群优化通常用于车辆路由问题。

简而言之，通过使用群体智能，我们可以结合智能和信息，将更多的智能纳入数据使用中。群体智能是一个令人兴奋的研究领域，有一些公司正在使用这些技术。

真实世界案例 3：利用群体智能进行能源管理

物联网（IoT）和群体逻辑有望在未来有效的能源管理中发挥重要作用。随着商业能源成本的上涨，企业将智能能源管理系统作为其竞争优势。智能电表收集的数据量随时间不断增加，这些系统将越来越多地利用隐藏在数据中的潜在信息做出明智的选择。随着数据科学家开始挖掘这些数据用来开发更智能的算法和决策工具，大数据和元启发式方法有望在这个过程中得到广泛应用。健壮的群体算法将应用于不同的场景，有助于确定能量优化机会并区分其优先级，以及协调活动等，这些都不需要任何设备发出指令。例如，这些设备以无线方式进行通信，并借助群体算法来协同决定如何管理电力使用，即通过模仿蜜蜂的自组织行为来减少能量消耗。

7.4 案例推理

案例推理（CBR）与通常的预测分析不同。预测分析使用统计方法能够确定潜在的结果或潜在的风险；CBR 实际上并不依赖如此多的统计数据。

CBR 是一种解决问题的范例，在许多方面与主要的 AI 方法（Aamodt 和 Plaza 1994）有着根本的区别。CBR 不仅仅依赖于问题领域的一般知识，也不是仅仅依据问题描述和结论之间的广义关系来建立关联，而是能够利用以前经历过的具体问题（案例）的具体知识。一个新问题可以通过找到一个类似的过去案例来解决，并在新问题情境下重新使用它。第二个重要区别是，CBR 也是一种渐进式持续学习的方法，因为每次解决问题时都会保留新的经验，使其立即可用于将来的问题。

CBR 试图通过重用存储在示例案例中的特定的过去经验来解决新问题。案例模拟了过去的经验，存储了问题描述和应用于该上下文的解决方案。所有的案例都存储在案例库中。当系统出现一个新的需要解决的问题时，它会在案例库中搜索最类似的情况，并重新使用经检索所得方案的调整版来解决新问题。

具体来说，CBR 是一个循环且集成的问题解决过程（见图 7-3），它支持从经验中学习，并有四个主要步骤：检索、重用、调整和保留（Kolodner 1993）。调整阶段分为两步：修正和审查。在修正的步骤中，系统根据新问题的具体约束来调整解决方案。在审查步骤中，将构建的解决方案应用于新问题并进行评估，了解其失败的位置并进行必要的更正。

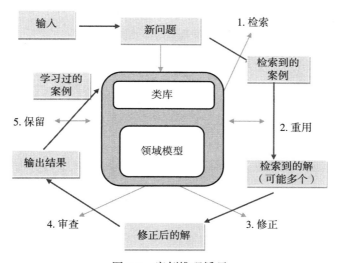

图 7-3　案例推理循环

有时候，检索到的解决方案可以直接重用于新问题，但在大多数情况下，检索到的方案并不直接适用，其必须适应新问题的具体要求。在调整之后，系统创建一个新案例，并将其保留在案例库（学习）中。

真实世界案例 4：石油和天然气行业的案例推理

海上钻井通常涉及巨额投资和高昂的日常开销。钻井行业是一个以技术为导向的产业。因此，任何可以改进钻井作业的工具或设备，在所有阶段都是至关重要的。案例推理（CBR）已经被证明能够有效地支持与钻井相关的几项任务。钻井方案的优化是高度重复性的，可以通过 CBR 实现。CBR 方法也用于解决操作问题。通过问题分析过程所收集的信息可以用于决定如何进一步开展工作。可以存储 CBR 系统中的案例，通过演化不一致的测量数据序列来预测即将发生的情况。

此外，在石油勘探领域，CBR 有利于设备运行过程中实时数据流的模式匹配。数据与先前已知的问题相匹配，并计算出每个问题的相关风险。决策制定者可以监控风险水平，并在必要时采取行动，将风险控制在可控范围之内。一旦超过了风险阈值，就会触发警报，并通知操作人员需要采取紧急措施。

7.4.1 案例推理中的学习

如果推理（和学习）是受记忆指导的，则学习的输出就是基于案例（检索）条件进行的预测。CBR 中的学习回答了系统的性质，以便预测未来的情况：记忆是面向未来的，既能够避免导致问题的情况，又能够加强成功情况下的表现（Akerkar 2005）。

7.4.1.1 案例表示

案例是一种带有上下文信息的知识，该知识表达了推理机在达到其目标的过程中能起关键作用的经验。

CBR 的核心问题是案例模型。该模型需说明问题以及解决方案的组成部分。需要确定哪些属性应该构成案例，以及哪些表示语言更适合表示问题求解过程中所涉及的特定知识。因此，案例表示任务涉及：

1. 相关属性的选择；
2. 索引的定义；
3. 在特定的案例实现过程中构建知识。

另一种描述案例展示的方法是用问题空间和解空间对结构进行可视化。根据这种结构，问题的描述存在于问题空间中。检索过程识别出具有最相似问题的案例的特征。系统使用相似性度量来找到最佳匹配的案例。在这些过程中，具有最相似问题的案例的解决方案可能必须加以调整以解决新问题。

7.4.1.2 案例索引

索引与创建额外的数据结构有关，这些数据结构可以存储在内存中，以加速搜索过程，索引侧重于最相关的维度。索引用于识别案例的属性，且这些属性用于度量案例的相似度。此外，索引可以通过快速访问那些必须与输入案例问题进行比较的案例，来加速检索过程。

选择索引的方法包括手工和自动方法。在某些系统中，可手工索引案例。例如，当案例比较复杂，并且所需的知识（用于准确理解索引）并不具体时，则需要手工索引。另一方面，如果问题求解和理解已经是自动化的，那么使用自动索引方法是非常有益的。

7.4.1.3 案例检索

案例检索是一个检索算法检索当前问题的最相似案例的过程。案例检索需要结合搜索和匹配。通常，主要的 CBR 应用使用两种检索技术：最近邻检索算法和归纳检索算法。

最近邻检索

最近邻检索算法是 CBR 中常用的一种相似性度量，它基于权重特征计算存储案例与新输入案例之间的相似度。用于计算最近邻匹配的典型评估函数如下：

$$\text{similarity}\left(\text{Case}_I, \text{Case}_R\right) = \frac{\sum_{i=1}^{n} w_i \times \text{sim}\left(f_i^I, f_i^R\right)}{\sum_{i=1}^{n} w_i}$$

其中，w_i 是一个特征的重要性权重，sim 是特征的相似度函数，f_i^I 和 f_i^R 分别是输入和检索案例中特征 i 的值。该算法的一个主要弱点是其效率。对于大型案例库或高维案例来说，这一点非常薄弱。

归纳检索

归纳检索算法是一种技术，其确定哪些特征在区分案例时表现最好，并生成一种决策树类型结构来组织记忆中的案例。当需要一个单独的案例特征作为解决方案，并且案例特征依赖于其他特征时，这种方法非常有用。

最近邻检索和归纳检索广泛应用于 CBR 应用和工具中。在 CBR 应用中，最近邻检索和归纳检索之间的选择需要经验和测试。如果没有任何预先的索引，则应用最近邻检索是合适的；然而，当检索时间成为关键问题时，归纳检索更可取。除了作为最近邻分类的一部分之外，最近邻检索还有许多用途。例如，当生物学家鉴定出一种新蛋白质时，他们使用计算机程序在已知蛋白质的大型数据库中进行搜索，并鉴定出与新蛋白质最相似的蛋白质。

7.4.2　案例推理与数据科学

预测分析平台可以使企业能够利用所有数据——从历史的结构化数据到最新的非结构化大数据——来推动更快、更明智的决策，并提供系统故障的预防警告。在这里，作为预测分析的一部分，CBR 利用从过去的经验中获得的知识，并使用学习方法来解决当前存在的问题。CBR 驱动的预测分析引擎通过自动且持续地比较多种异构数据类型的实时数据流来获取模式。为了主动引导用户做出最适当的决策或行动，（自学）案例库调整过去的解决方案，以便帮助解决当前的问题，并识别与过去事件类似的数据模式。

使用 CBR，系统可以从过去学习并变得更具适应性。例如，如果一个系统开始呈现不一致的交易行为模式，则 CBR 将搜索过去类似模式的案例，并在该模式导致危险后果之前，发出警报。

CBR 在金融服务领域有几个成功的应用。CBR 最重要的机会就是作为市场运营商的早期警报系统，以防止因服务中断、交易错误或其他违规行为而引起的中断。资本市场机构可以利用 CBR 来监控和阻止异常的客户行为，通过内部或外部的非法活动来检测危险行为，提高其在后台部门的运营效率，并发现客户的盈利机会。

7.4.3　处理复杂的领域

CBR 的不确定性主要有三个原因。首先，信息可能只是缺失。例如，问题域可能非常复杂，以至于其只能被不完整地表示。即使在更简单的领域中，描述复杂情况的每个细节也并不合适，而更倾向于使用功能和易于获取的表示信息，作为决定案例表示的标准。其次，针对不同的问题，环境的不同特征和问题描述在实现解决方案时将发挥不同的作用。第三，完美的预测是不可能的。没有立即的方法来消除 / 减少这种问题的不确定性。我们可以做到最好的是，根据我们对当前情况的期望和理解来选择行动方案，然后跟踪环境状况，如果可能的话了解更多情况，并动态地调整行动。

最后，CBR 的缺点可以概括如下：

- 处理大型案例库：使用大型案例库的 CBR 系统，其具有高存储要求且检索耗时。
- 动态问题：CBR 系统在处理动态问题时可能会遇到困难，CBR 可能无法跟上解决问题方式的转变，因为其极其强烈地偏向于已经被解决的问题。
- 处理含有噪声的数据：问题的部分情况可能与问题本身无关。结果，这使得案例的存储和检索效率较低。
- 全自动操作：在一般的 CBR 系统中，问题域通常没有被完全覆盖。因此，可能会出现一些系统无法解决的问题。

7.5　粗糙集

粗糙集理论是研究交付模式、规则以及数据知识的有用手段。粗糙集通过一对特定的分别被称为下近似和上近似的概念，来估计模糊概念（Akerkar 和 Lingras 2007）。分类模型代表了我们对该领域的了解。

我们假设兴趣集合是 S，并且我们知道哪些样本元素在 S 中。我们想用属性来定义 S。对象关于该域的一个随机子集的隶属关系可能是无法确定的。这个事实引起了集合的下近似和上近似的定义。下近似是一类已知的属于该子集的对象。上近似是对可能属于该子集的对象的描述。如果边界区域不是空的，则通过其下近似和上近似定义的任何子集被称为粗糙集。现在我们给出这个概念的正式定义。

假设 U 上的一个等价关系 θ，其中 θ 是一个具有传递性、自反性和对称性的二元关系。在粗糙集理论中，等价关系被称为不分明关系。(U, θ) 被称为近似空间。对于每个等价关系 θ，存在 U 的一个划分，使得 U 中的两个元素 x 和 y 在该划分中属于相同的类，当且仅当 $x\theta y$。因 θ 划分的类表示为 $\theta_x = \{y \in U | x\theta y\}$。对于 U 中的任意子集 $X \subseteq U$，我们称：

- $\underline{X} = \cup \{\theta_x | \theta_x \subseteq X\}$ 被称为 X 的下近似或 X 的正域。
- $\overline{X} = \cup \{\theta_x | x \in X\}$ 被称为 X 的上近似或 X 的可能域。
- X 的粗糙集为 $(\underline{X}, \overline{X})$。
- $(\underline{X} - \overline{X})$ 是不确定域。
- $\underline{X} \cup (U - \overline{X})$ 被称为确定域。

图 7-4 举例说明了粗糙集理论的概念。

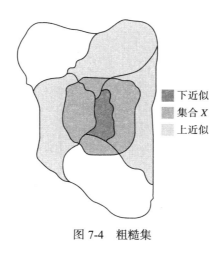

图 7-4   粗糙集

我们通过数据库 T 来描述粗糙集理论，其中 T 为元组的集合。这些元组的属性集合被定义为 $A=\{A_1, A_2, \cdots, A_m\}$。对于元组 $t \in T$ 和子集 $X \subseteq A$，$t[X]$ 表示元组 t 在 X 中属性集上的投影。

对于给定的属性子集 Q，我们如下定义 T 上的等价关系。对于给定的 2 个元组 t_1 和 t_2，如果 $t_1[Q] = t_2[Q]$，我们称 $t_1 \theta t_2$。特别地，我们称 2 个元组 t_1 和 t_2 关于 Q 中属性不可分。此外，我们可以定义 T 中任意子集的下近似和上近似。我们可以说，如果关于 P 的数据库划分包含关于 Q 的划分，则属性集合 Q 依赖于另一个集合 P 这将生成一种有效的属性消除技术，可用于决策树、关联规则和聚类。

我们假设数据库 T 包含下述元组：$\{a,b,c\}$、$\{a,b,d\}$、$\{a,c,d\}$、$\{a,c,e\}$、$\{a,d,e\}$ 以及 $\{a,d,f\}$。我们进一步假设这些元组按序排列。

我们将元组之间的等价关系定义为具有两个共同前缀。换句话说，如果前两个元素相同，则两个元组是等价的。现在我们定义 X 的下近似和上近似，其中 X 包含 $\{a,b,c\}$、$\{a,b,d\}$ 以 及 $\{a,c,d\}$。X 的 下 近 似 为 $\{\{a,b,c\},\{a,b,d\}\}$；X 的 上 近 似 为 $\{\{a,b,c\},\{a,b,d\},\{a,c,d\},\{a,c,e\}\}$。

粗糙集的概念是 Zdzislaw Pawlak 于 1982 年提出的（Pawlak 1982），并且人们发现粗糙集在知识获取和数据挖掘领域十分有用。近年来，这种方法的许多实际应用已经在诸如医学、药物研究以及过程控制等领域得到发展。AI 领域中，粗糙集的主要应用之一是知识分析和数据发现。

人们可能会注意到，管理决策和预测中的不确定性对于挖掘任何类型的数据都非常重要，无论数据集大还是小。虽然模糊逻辑以模糊、不明确或重叠概念 / 区域引起的不确定建模而闻名，但粗糙集建模的不确定性是由粒度（或有限的可区分性）引起的。目前在不同行业所产生的大数据中，无论是单独还是结合使用模糊逻辑和粗糙集，其有效性都已经在全世界范围内建立起来，用于挖掘音频、视频、图像和文本模式。如果需要，模糊集和粗糙集可以进一步与发生事件时随机性引起的（概率性）不确定性相结合，以便产生更强大的框架来处理现实生活中模棱两可的应用。在大数据的情况下，由于诸如多类型、速度、多样性和不完整性等多种特征，问题变得更加严重。

7.6　练习

1. 描述关于禁忌搜索的新近性。
2. 描述蚂蚁如何找到通向食物来源的最短路径。
3. 简要描述基于案例推理的主要原则，其操作过程以及实现过程中可能出现的差异。
4. 描述那些更适用于基于案例方法求解的问题特征。
5. 命名并简要描述三个不确定性的主要来源。
6. 考虑遍历几个城市的最短路径问题，使得每个城市只被访问一次，最终返回到起始城市。假设为了解决这个问题，我们使用遗传算法，其中基因代表城市对的链接关系。例如，奥斯陆和马德里之间的链接由一个基因"LP"代表。我们还假设我们旅行的方向并不重要，所以 LP=PL。
   （a）如果城市数量为 10，则每个个体的染色体中将使用多少个基因？
   （b）该算法的字母表中会有多少个基因？
7. （项目）探索如何使用元启发式方法作为优化技术来精确分析你所选的行业大数据。
8. （项目）元启发式方法侧重于在合理的时间内找到高质量的解决方案，却无法保证是最优解。调查大数据聚类的不同元启发式方法。

参考文献

Aamodt, A., & Plaza, E. (1994). Case-based reasoning: Foundational issues, methodological variations and system approaches. *AI Communications, 17*(1), 39–59.

Akerkar, R. (2005). *Introduction to artificial intelligence*. PHI Learning.

Akerkar, R., & Lingras, P. (2007). *Building an intelligent web: Theory & practice*. Sudbury: Jones & Bartlett Publisher.

Cheng, S., Yuhui, S., Quande, Q., & Ruibin, B. (2013). *Swarm intelligence in big data analytics*. s.l. (Lecture notes in computer science, pp. 417–426). Berlin/Heidelberg: Springer.

Gendreau, M. (2002). *Recent advances in Tabu search. I: Essays and surveys in metaheuristics* (pp. 369–377). s.l.: Kluwer Academic Publishers.

Glover, F., & Laguna, M. (1997). *Tabu search*. Norwell: Kluwer Academic Publishers.

Hertz, A., & de Werra, D. (1991). The Tabu search metaheuristic: How we used it. *Annals of Mathematics and Artificial Intelligence, 1*, 111–121.

Kennedy, J., & Eberhart, R. (2001). *Swarm intelligence*. London: Academic.

Kolodner, J. (1993). *Case-based reasoning*. San Francisco: Morgan Kaufmann.

Laguna, M., & Mart'I, R. (2003). *Scatter search – Methodology and implementations in C*. Norwell: Kluwer Academic Publishers.

Pawlak, Z. (1982). Rough sets. *International Journal of Parallel Programming, 11*(5), 341–356.

Taillard, E., Gambardella, L., Gendreau, M., & Potvin, J. (2001). Adaptive memory programming: A unified view of metaheuristics. *European Journal of Operational Research, 135*, 1–16.

Teodorovic´, D., & Dell'Orco, M. (2005). *Bee colony optimization – A cooperative learning approach to complex transportation problems*, Poznan: 10th EWGT Meeting.

Tereshko, V., & Loengarov, A. (2005). Collective decision-making in honeybee foraging dynamics. *Computing and Information Systems Journal, 9*(3), 1–7.

第 8 章
分析和大数据

8.1 引言

在本章中，我们将概述一些先进的工具和技术，包括 Apache Hadoop 生态系统、实时数据流、扩展机器学习算法，以及数据隐私和安全等基本问题。在本章中，我们将涵盖大数据分析领域的大部分基本理论，然而我们只是触及皮毛而已。请记住，要应用本章大数据分析概述中所包含的概念，需要更深入地理解这里讨论的主题。

当今，数据来自日常生活：手机、信用卡、电视机和望远镜；来自城市的基础设施：配备传感器的房屋、火车、公共汽车、飞机、桥梁和工厂。这些都被称作大数据。

因此，为了通过分析这些大数据来获取知识，需要数据驱动的计算，其含义是数据驱动计算和控制，包括复杂的查询、分析、统计、智能计算、提出假设和验证假设。

在 2001 年，Gartner[⊖]提出了早期的数据增长的 3 V 定义：

- 海量：持续多年的数据收集可以使得数据量非常大。数据量的增加可能来自非结构化数据源，例如可以收集的社交媒体数据和基于机器的数据。

- 多样性：收集到的数据可以来自不同的数据源，且可以具有多种形式。数据可以来自电子邮件、音频和视频等。

- 速度：数据流的速度非常快。公司和企业在接受大量可用的信息时往往不知所措，在当今的数字时代，管理这些数据是一个巨大的挑战。

最近，商业界和工业界都承认 5V，其增加了数据的其他方面，即准确性和价值。

- 准确性：数据的混乱或可靠性。大数据具有多种形式，其质量和准确性都难以控制，但现在大数据和分析技术允许我们使用这种类型的数据。

- 价值：以原始形式接收的数据通常相对于其容量来说具有较低的值。然而，通过分析大量这样的数据可以获得很高的价值。

大数据引发了涉及数据生命周期所有阶段的相关问题。

海量和可扩展性：这是每个工具在处理大数据时都要解决的根本问题。因此，大数据工具和基础设施需要确保足够的可扩展性和灵活性，以便能够处理超高速的数据增长。

⊖ http://www.gartner.com/technology/home.jsp

异构和非结构化：多数大数据是非结构化的，也因此在本质上是异构的。所以，分析工具必须足够"智能"才能解释数据的多样性，将它们与高级算法开发集成在一起，并进行优化使其具有一致的可计算格式。

数据管理和安全：诸如银行、医疗保健、电信和国防等行业都受到严格且合法的监管授权，因此难以创建适当的数据保护框架。数据管理在许多行业领域占据重要地位，这些行业在大数据方面拥有巨大的商机，但风险也可能非常大。

基础设施和系统架构：随着 Hadoop 和 MapReduce 尖端技术被扩展以满足大数据的 5V，这些技术在规模和存储容量方面对基础设施提出了高效且成本有效的巨大需求。

然而，尽管 Google、Facebook 和 Amazon 等少数创新企业利用大数据取得成功，但对于主流企业来说，大数据在很大程度上是未被开发的领域。对这些公司而言，意味着整合更多数据源的能力——小数据、大数据、智能数据、结构化数据、非结构化数据、社交媒体数据、行为数据和旧数据。这是面向多样性的挑战，并且已经成为主流公司中最高的数据优先级。因此，挖掘更多数据源已成为商业领域内最新的数据前沿。

8.2　传统分析与大数据分析

传统分析通常涉及对现有分析方法的扩展和新的集成，而不是创建新的分析方法。成功的数据分析解决方案是由企业对富有洞察力的、可操作的情报的需求所驱动的，并且其侧重于产生相关的、准确的证据来说明这种决策。

因此，传统的数据分析使用适当的统计和机器学习方法来分析大数据，以集中、抽取、精炼隐藏在一批混沌数据集中的有用数据，并确定数据的内在规律，以便最大化数据的价值。

真实世界案例 1：零售客户分析

零售客户分析是指电子商务商店、运营商和仓库管理人员想要立即了解客户的需求、兴趣和行为，以便他们可以为客户定制服务，并在准确的时间点向正确的客户提供促销产品或加售商品。

第 3 章讨论了一些代表性的传统数据分析技术。在下面的列表中，我们添加了一些更传统的技术。

- 分类：根据给定的类别集合，这种分析标识了新观测的数据点属于哪一类。类可以由用户显式定义，也可以通过基于数据的其他特征的分类算法来学习。
- 聚类分析：一种基于统计学的方法，用于对象分组，特别是根据某些特征将对象进行分类。聚类分析用于区分具有特定特征的对象，并根据这些特征将它们划分为一些类别（聚类），使得同一类别中的对象具有较高的同质性，而不同类别将具有较高的异质性。正如我们前几章所讨论的，聚类分析是一种没有训练数据的无监督学习方法。简而言之，聚类与分类相似，但是根据它们的相似度（在一个或多个特征中）其会互相标记数据点。然后，根据确定性的度量（例如 k-means），或统计信息（例如，多变量分布和似然最大化），或基于图的网络（例如，中心性和中间性），将数据点分组到可能的类中。

- 回归分析：一种数学工具，用于揭示一个变量和其他几个变量之间的关系。在一组实验或观测数据的基础上，回归分析确定了因随机性而被隐藏的变量之间的依赖关系。回归分析可以使变量之间的复杂和不确定的相关性变得简单和规律。

- 因子分析：这一分析技术的目标是用几个因子来描述多个因素之间的关系。即，将几个密切相关的变量归为一个因子，然后用少数因子揭示原始数据的大部分信息。

- 相关分析：确定观测对象之间关系规律的一种分析方法，如相关性、相关依赖性以及相互制约等，并据此进行预测和控制。

- 桶测试：通过比较测试组来确定如何改进目标变量的方法。大数据需要执行大量测试和分析。

- 统计分析：统计分析基于统计学理论，其通过概率论来模拟随机性和不确定性。统计分析可以为大数据提供描述和推断。描述性统计分析可以总结和描述数据集，而推理统计分析可以从受随机变量影响的数据中推导出结论。统计分析广泛应用于经济和医疗保健领域。

- 预测建模：预测建模不仅试图预测未来事件，它还试图找出优化未来结果的方法。原始数据的基本特征决定了可能产生的有意义的预测和优化的类型。

- 模式识别和匹配：模式匹配旨在识别数据集中的趋势、序列和模式。可以预先明确定义模式，直接从数据中学习，或在从数据初始学习之后手动精炼模式。

- 信息检索：该技术直接使用人工或自动查询数据集来回答这个问题：这个数据集与查询有什么关系？它通常依赖于匹配查询以显式地表示数据的特征，而无须基于隐藏的特征进行推断或预测。

大数据分析可以被认为是一种特殊数据的技术。因此，许多传统的数据分析方法仍然可以用于大数据分析。然而，为了从大数据中提取关键的洞察力，我们需要先进的大数据处理方法，如下所示。

- 并行计算：这是指同时使用多个计算资源来完成计算任务。其基本思想是分解一个问题，然后分配给几个不同的进程独立完成，从而实现协同处理。目前，已经开发了一些经典的并行计算模型，包括 MPI（消息传递接口）、MapReduce 和 Dryad。

- 哈希：这种方法本质上是将数据转换为较短的固定长度数值或索引值。哈希就像数据的指纹。哈希函数将数据作为输入，并返回一个较小的固定长度的标识符，用户可以使用该标识符对数据进行索引、比较或标识。哈希的优点是读取速度快、写入速度快、查询速度快；然而，找到一个合理的哈希函数是一项挑战。

- bloom filter：bloom filter 是一种简单的节省空间的随机数据结构，用于表示集合以支持成员查询。bloom filter 由一系列哈希函数组成，还包括一个用于测试给定元素是否属于该集合的数据结构。换句话说，除了存储数据本身之外，bloom filter 还存储数据的哈希值。它具有空间利用率高、查询速度快等优点，但同时也存在误识别和删除的缺陷。

- 索引：索引是一种有效的方法，可以减少磁盘读写的开销，并改进用于管理结构化数据的关系数据库中的插入、删除、修改和查询速度，以及管理半结构化和非结构化数据的其他技术。然而，索引有缺点，因为需要额外存储索引文件；并且当数据更新时，需要动态地维护索引文件。
- trie 树：trie 树是哈希树的变体，其主要应用于快速检索和词频统计。trie 树的主要思想是利用字符串的共同前缀来最大限度地减少字符串的比较，从而提高查询效率。我们使用 trie 来存储具有主键（用于标识数据）和值（其包含与主键相关的任何附加数据）的数据片段。

8.3 大规模并行处理

通过并行编程，我们将所处理的工作分解为多个部分，可以在多个处理器上同时执行。并非所有问题都可以并行化。其挑战在于确定尽可能多的可以同时运行的任务。或者，我们可以识别能够同时处理的数据组。这允许我们将数据分成多个并发任务。

上述并行编程中值得关注的一个示例就是 MapReduce 编程框架。MapReduce 模型允许开发人员无须付出太多努力即可编写大规模并行应用程序，并且 MapReduce 正成为许多需要处理大数据公司的软件堆栈中的重要工具。MapReduce 符合动态配置的思想，因为它可以运行在大量机器上，并且已经广泛应用于云环境。

8.3.1 MapReduce

MapReduce（映射归约）是一种编程模型，用于开发并行的、处理和生成大量数据的应用程序。它由 Google 于 2004 年首次推出（Dean 和 Ghemawat 2004），自此之后，MapReduce 便成为了分布式计算的重要工具。它适合在计算机集群上运行大规模数据集，因为它的设计就是为了容忍机器故障。

MapReduce 程序由三个步骤组成：

- Map() 步骤，其中 master 节点导入输入数据，在小型子集中解析这些数据，并将工作分配给 slave 节点。任何 slave 节点都将生成 map() 函数的中间结果，并以键/值对的形式存储在分布式文件中。输出文件位置在映射阶段结束时通知 master 节点。
- Shuffle 步骤，master 节点从 slave 节点收集答案，将值列表中共享相同密钥的键/值对组合在一起，并按键排序。排序可以是字典序、递增序或用户定义的序。
- Reduce() 步骤，执行汇总操作。

这意味着，MapReduce 将工作分为两个主要步骤：map（映射）和 reduce（归约），这两个步骤受函数编程语言中可以找到的类似原语所启发。图 8-1 显示了 MapReduce 的逻辑视图。

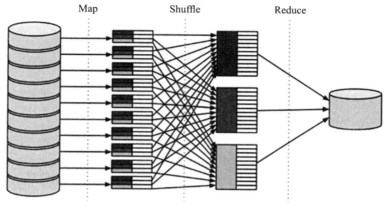

图 8-1　MapReduce 工作示意图

用户指定一个 map 函数，该函数处理一个键/值对，其用于生成中间键/值对集合；以及一个 reduce 函数，该函数将所有与同一中间键关联的中间值合并起来。

map 函数发出每个单词，并附有一个相关的出现次数计数。然后将该函数应用于每个值。例如：

$$(map'length'((\ )(a)(abc)(abcd)))$$

将 length 函数应用于列表中每一项。由于 length 返回一个项目的长度，因此 map 的结果是一个包含每个项目长度的列表：

$$(0\ 1\ 34)$$

reduce 函数将一个二元函数和一组值作为参数。它使用二元函数将所有值组合在一起。如果我们使用 +(add) 函数来归约列表 (0 1 34)：

$$(reduce\#'+'(0\ 1\ 34))$$

我们将得到

$$8$$

在这里，函数的每个应用都可以并行执行，因为它们之间不存在依赖关系。归约操作只能在映射完成后进行。

MapReduce 促进了并行应用程序的标准化。MapReduce 也非常强大，可以解决各种真实世界问题，例如 Web 索引、模式分析以及聚类。

在映射阶段，节点读取 map 函数并将其应用于输入数据的子集。该映射的部分输出存储在本地的每个节点上，并将输出提供给执行 reduce 函数的 worker 节点。

输入和输出文件通常存储在分布式文件系统中，但为了保证可扩展性，master 节点试图分配本地工作，这意味着输入数据在本地可用。相反，如果一个 worker 节点未能完成所分配的工作，则 master 节点能够将该工作发送给其他节点。

MapReduce 以 master/worker 形式实现，其中 master 节点充当许多 worker 节点的协调员。worker 节点可能被分配了 map 工作或者 reduce 工作。

1. 分割输入数据：输入数据的分割可以由不同的机器并行处理。

2. Fork 过程：下一步是创建 master 节点和 worker 节点。master 节点负责向 worker 节点派遣工作、跟踪进度并返回结果。master 节点选择闲置的 worker 节点并为其分配 map 任务或 reduce 任务。map 任务在原始数据的单个碎片上工作。reduce 任务处理由 map 任务生成的中间数据。

3. map：每个映射任务读取分配给它的输入碎片。该节点解析数据并为感兴趣的数据生成（键、值）对。在解析输入数据时，map 函数可能会删除许多不感兴趣的数据。通过让许多 map 任务节点并行地执行计算，我们可以线性地扩展提取数据的性能。

4. map worker—划分：每个 worker 节点生成的（键、值）对缓存在内存中，并定期地存储在 map worker 的本地磁盘上。这些数据通过划分函数被划分到区域 R。

5. reduce 排序：当所有执行 map 的 worker 节点完成工作后，master 将通知负责 reduce 的 worker 节点开始工作。此时，负责 reduce 的 worker 节点获取将要执行 reduce 函数的数据。该节点通过远程过程调用来联系每个执行 map 的 worker 节点，以获取针对其分区的（键、值）数据。当负责 reduce 的 worker 节点读取所有中间数据时，它会通过中间键对其进行分类，以便将同一个键的所有项组合在一起。需要排序，因为通常很多不同的键映射到相同的 reduce 任务。如果中间数据量太大而无法放入内存，则使用外部排序。

6. reduce 函数：按键排序数据，现在可以调用由用户定义的 reduce 函数。负责 reduce 的 worker 节点为每个唯一键调用一次 reduce 函数。该函数传递两个参数：密钥和与密钥关联的中间值列表。

7. 结束：当所有的 map 任务和 reduce 任务完成后，master 节点唤醒用户程序。此时，用户程序中的 MapReduce 调用返回到用户代码。存储 MapReduce 的输出。

8.3.2 与 RDBMS 的比较

关系数据库管理系统（RDBMS）是事务性和分析性应用程序的主要选择。对于大多数应用程序来说，RDBMS 传统上是一个平衡且充分的解决方案。然而，它的设计有一些局限性，这使得在诸如可扩展性等某些方面成为首要任务时，难以保证兼容性并提供优化的解决方案。

RDBMS 和 MapReduce 之间只有部分功能重叠：关系数据库适合某些任务；特别地，MapReduce 不会为这些任务提供最优解，反之亦然。例如，MapReduce 往往涉及处理大部分数据集，或者至少其中的很大一部分，而 RDBMS 的查询可能更精细。另一方面，MapReduce 对半结构化数据的处理很好，因为数据是在处理过程中被解释的，与 RDBMS 不同的是，结构化和规范化数据是确保完整性和提高性能的关键。最后，传统的 RDBMS 更适合交互式访问，但是 MapReduce 能够线性扩展并处理更大的数据集。如果数据集足够大，那么将集群的大小增加一倍也会使运行作业的速度提高一倍，这对于关系数据库来说并不一定是正确的。

另一个推动其他存储解决方案的因素是磁盘。硬盘的改进似乎只局限于容量和传输速率。但是，在 RDBMS 中，数据访问性能通常以查找时间为主，而查找时间在很多年里并没有显著改变。

由于其低层抽象和缺乏结构，MapReduce 受到一些 RDBMS 支持者的批评。但考虑到关系数据库和 MapReduce 的不同特性和目标，它们可以被看作是互补的而不是相反的模型。

8.3.3 共享存储的并行编程

传统上，许多大规模并行应用程序已经共享存储，例如 OpenMP ⊖。OpenMP 提供编译器指令集合来创建线程，同步操作并在 pthreads 上管理共享内存。使用 OpenMP 的程序被编译成多线程程序，其中线程共享相同的内存地址空间，因此线程之间的通信非常高效。

与使用 pthreads，以及使用互斥锁和条件变量相比，OpenMP 的使用要简单得多，因为编译器按照指令负责将顺序代码转换成并行代码。因此，程序员可以编写多线程程序，而不需要深入理解多线程程序。

与 MapReduce 相比，这些类型的编程接口更加通用，并且为更广泛的问题提供了解决方案。这些系统的主流用例之一是需要某种同步的并行应用。

MapReduce 和这个模型之间的主要区别是用于这些平台的硬件。MapReduce 应该在商用硬件上工作，而 OpenMP 等接口仅在共享内存的多处理器平台上有效。

8.3.4 Apache Hadoop 生态系统

Hadoop 是一个流行且广泛使用的开源 MapReduce 实现。它拥有庞大的社区基础，并得到了诸如雅虎、IBM、Amazon 以及 Facebook 等公司的支持和使用。Hadoop 最初由 Doug Cutting 开发，用于支持 Nutch 搜索引擎的分布。第一个版本于 2005 年底推出；不久之后，在 2006 年初，Doug Cutting 加入雅虎并与专门团队一起开发。2008 年 2 月，雅虎宣布其正在使用一个 10 000 核的 Hadoop 集群来生成他们的搜索索引。

2008 年 4 月，Hadoop 能够在 910 个节点的集群中，于 209 秒内对一个 TB 级的数据进行排序。同年 11 月，Google 打破了这一记录，在 1000 个节点的集群中，用 68 秒的时间进行排序。Hadoop 现在是一个顶级的 Apache 项目，并且拥有多个子项目，包括 HDFS、Pig、HBase 和 ZooKeeper。Hadoop 生态系统如图 8-2 所示。

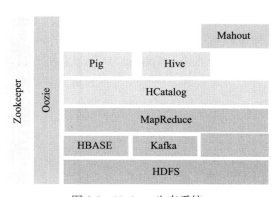

图 8-2 Hadoop 生态系统

⊖ http://openmp.org/wp/

自发布以来，Hadoop[⊖]一直是标准的免费 MapReduce 实现软件。即使有其他开源的 MapReduce 实现，它们也不像 Hadoop 平台中某些组件那样完整（例如，存储方案）。Hadoop 目前是 Apache 软件基金会（Apache Software Foundation）的顶级项目，Apache 软件基金会是一家非盈利公司，它支持许多其他知名项目，如 Apache HTTP Server（White 2012）。

Hadoop 以 MapReduce 实现而闻名，这实际上是一个 Hadoop 子项目，但是也有其他的子项目提供所需的基础设施或附加组件。MapReduce 软件提供了在商用硬件集群上分布式处理大型数据集的框架。

下面简要介绍 Hadoop 生态系统的不同组件（Akerkar 2013）：

- HDFS：Hadoop 分布式存储系统——存储、复制。
- MapReduce：分布式处理、容错。
- HBase：快速读 / 写访问——一种在 HDFS 上运行的列式数据库管理系统。
- HCatalog：元数据——Hadoop 的表和存储管理层，使用户可以使用不同的数据处理工具。
- Pig：脚本——Pig 程序的显著特点是它们的结构适合于大量的并行化，从而能够处理非常大的数据集。
- Hive：SQL——构建在 Hadoop 之上的数据仓库的基础架构，用于提供数据汇总、查询和分析。
- Oozie：工作流，管理 Apache Hadoop 作业的调度。
- Zookeeper：协调——维护配置信息，命名，提供分布式同步，以及提供组服务的协作服务。
- Kafka：集群保留所有已发布的消息——不管它们是否已被应用——在可配置的时间段内。
- Mahout：分布式或其他可扩展的机器学习算法的实现。

真实世界案例 2：优化营销网站

点击流数据是大数据营销的重要组成部分。它告诉零售商客户点击什么或者是否购买。然而，这种存储是非常昂贵的，其用于查看和分析其他数据库的这些见解，或者它们不具备存储和分析所有数据的能力。Apache Hadoop 能够存储所有网络日志和数据多年，并且价格低廉，允许零售商了解客户路径、进行购物篮分析、运行桶测试，以及确定网站更新的优先级，从而提高客户转化率和收益。

HDFS 是一个分布式存储系统，可以在大型集群上运行，并提供对应用数据的高吞吐量访问。剩余的子项目只是附加的组件，通常在核心子项目中使用，以便提供附加功能。一些最值得注意的是：

⊖ Hadoop 获得了 Apache License 2.0 许可，Apache License 2.0 是一种免费软件许可，允许开发人员修改代码并重新发布代码。

Pig 是用于并行计算的高级数据流语言和执行框架。以这种高级语言编写的程序被翻译成 MapReduce 程序序列。它位于 Hadoop 之上，可以创建复杂的作业来快速高效地处理大量数据。它支持许多关系函数计算，可以轻松地实现连接、分组、聚集等操作。

HBase 是一个列式数据库管理系统，其在 HDFS 上运行并支持 MapReduce 计算。HBase 非常适合稀疏数据集。HBase 不支持像 SQL 这样的结构化查询语言。HBase 系统由一组表格组成，每个表格都包含行和列，非常像传统数据库。每个表格还必须有一个定义为主键的元素，并且所有对 HBase 表的访问都必须使用该主键。HBase 的列表示对象的属性。

Hive 用作数据仓库，提供数据汇总、特殊查询以及大型文件分析。它使用类似于 SQL 的语言，该语言自动转换为 MapReduce 作业。Hive 看起来像使用 SQL 访问传统数据库的代码。尽管 Hive 基于 Hadoop 和 MapReduce 操作，但存在很多差异。Hadoop 旨在实现大规模的顺序扫描，并且由于 Hive 基于 Hadoop，因此可以预计查询的延迟很高。这意味着 Hive 不适合需要非常快速响应的应用，正如期望的那样，可使用如 DB2 等的数据库。而且，Hive 是基于读取的，不适合涉及高比例写入操作的事务处理。

Chukwa 是一个致力于大规模日志收集和分析的 Hadoop 子项目（Boulon 等 2008）。Chukwa 建立在 Hadoop 分布式存储系统（HDFS）和 MapReduce 框架之上，并且继承了 Hadoop 的可扩展性和健壮性。Chukwa 是一个管理大型分布式系统的数据收集和监视系统；它将系统度量标准以及日志文件存储到 HDFS 中，并使用 MapReduce 生成报告。

8.3.5 Hadoop 分布式文件系统

Apache Hadoop 公共库是用 Java 编写的，由两个主要组件组成：MapReduce 框架和 Hadoop 分布式文件系统（HDFS⊖），它实现了单一写入、多个读取的模型。尽管如此，Hadoop 不仅仅支持 HDFS 作为底层文件系统。HDFS 的目标是可靠地存储大型数据集，并将它们以高带宽方式传输到用户应用程序中。HDFS 在 master-worker 模式中有两种类型的节点：一个 name 节点，即 master 节点，以及任意数量的 data 节点，即 worker 节点。HDFS 的命名空间是文件和目录的层次结构，其文件和目录与 name 节点上的元数据关联。实际的文件内容被分割成 64 MB 的块，其中每个块通常在三个 name 节点上复制。name 节点跟踪命名空间树以及文件块到 data 节点的映射。想要读取文件的 HDFS 客户端必须与 name 节点通信以获取数据块的位置，然后从邻居 data 节点读取块，因为 HDFS 认为节点之间的距离较短，并且节点间的带宽较高。为了跟踪 data 节点之间的距离，HDFS 支持机架感知。一旦 data 节点向 name 节点注册，name 节点就会运行用户配置的脚本来决定该节点属于哪个网络交换机（机架）。机架感知还允许 HDFS 具有块放置策略，该策略提供了在最小化写入成本与最大化数据可靠性、可用性以及聚集读取带宽之间的折中。为了形成一个新块，HDFS 将第一个副本放置在与客户程序相同机架的 data 节点里，并将第二个和第三个副本放置在位于不同机架中的两个不同 data 节点上。Hadoop 中 MapReduce 作业是用户想要执行的工作单

⊖ http://hadoop.apache.org/hdfs/

元，由输入数据（位于 HDFS 上）、MapReduce 程序和配置信息组成。

内置在 Hadoop 中的 MapReduce 程序是用 Java 编写的；然而，Hadoop 还提供 Hadoop 流应用程序编程接口（API），它允许使用 Unix 标准流作为 Hadoop 和用户程序之间的接口，以非 Java 语言编写 map 和 reduce 函数。

在 Hadoop 中，有两种控制作业执行过程的节点：一个作业跟踪器和任意数量的任务跟踪器。作业跟踪器通过将作业分成更小的任务来协调系统中作业的运行，以便在不同的任务跟踪器上运行，然后任务跟踪器将报告发送给作业跟踪器。如果任务失败，作业跟踪器能够自动地重新调度不同的可用任务跟踪器上的任务。为了让任务跟踪器运行 map 任务，需要将输入数据拆分为固定大小的块。Hadoop 为每个拆分运行一个 map 任务，其通过用户定义的映射函数处理拆分中的每条记录。一旦 map 任务完成，它的中间输出将被写入本地磁盘。之后，每个 map 任务的 map 输出由用户定义的 reduce 函数处理。在一个节点上并行运行的 map 任务数量可以由用户配置，并且严重依赖于机器本身的性能，而 reduce 任务的数量是独立指定的，因此不受输入大小的限制。如果有多个运行 reduce 函数的节点，那么每个 reduce 函数节点的分区是根据映射输出创建的。根据要完成的任务，在不需要 reduce 函数的情况下也可以有 0 个 reduce 任务。

8.4　NoSQL

NoSQL 被称为"不仅是 SQL 数据库"，它提供了一种存储和检索数据的机制，并且是下一代数据库。NoSQL 说明了一系列与其使用有关的好处。

在讨论 NoSQL[⊖]的细节之前，我们回顾一下人们对传统数据库的理解。在关系模型中，定义数据模型的基本组件有三个：

1. 数据结构：所构建模型的数据类型。
2. 操作：一些从此结构中检索或处理数据的可用操作。
3. 完整性规则：定义数据模型一致状态的一般规则。

关系数据模型的结构主要由关系、属性、元组和主键给出。关系通常被可视化为表格，其中属性为列，元组为行。属性和元组的顺序不是由结构定义的，因此它可以是任意的。关系模型定义的检索数据的基本操作是选择（包括投影和连接）以及数据处理操作（如插入、更新以及删除）。关系模型可以区分两种不同的完整性规则。如主键的唯一性等约束可确保单个关系内的完整性。此外，不同关系之间存在引用完整性规则。

关系数据库系统中一个值得注意的思想就是事务。起初，事务有三种基本属性：原子性、一致性和持久性。后来，Harder 和 Reuter 将这些属性与新属性"隔离"缩写为 ACID。即使这四种属性 ACID 都被视为关系数据库事务的关键属性，但在研究系统的可扩展性时，一致性依旧特别有用。系统的可扩展性是其应对日益增加的工作量的潜力。

原则上，系统可以在两个不同的方向上扩展：垂直和水平。垂直扩展（"向上扩展"）意

⊖　http://nosql-database.org/

味着增加系统节点的容量。这可以通过使用更强大的硬件来实现。相反，如果添加更多节点，系统实际进行了水平扩展（向外扩展）。

关系数据库和 NoSQL 数据库之间的一个重要区别在于所提供的一致性模型。NoSQL 系统必须软化关系事务给出的 ACID 保证，以便实现水平可扩展性。

在 NoSQL 中，有四种突出的数据模型：

- 键值
- 文档
- 列式
- 图

上述四种类型是无模式的，即在存储数据之前不需要定义精确的模式，这种模式就像关系数据库所需要的一样。另外，前三个模型共享一个共同的特征，即它们使用键将聚集结果作为值存储起来。这里，聚集是相关对象的集合。支持聚集（即，复杂记录）的数据库非常简单，而且使用起来非常快，因为不需要像关系数据库那样对数据进行规范化。

键值模型

键值模型是一种哈希表，其将键映射到值。要使用此模型，主要是借助唯一键（一种 ID，通常是字符串）来存储聚集值。键值数据库上的聚集是不透明的。这意味着我们可以存储多种数据类型，但只能通过一个键进行检索，而无须查询支持。键值数据库是最简单的 NoSQL 解决方案。由于其简单性和普遍的高性能，键值数据库被大量用作主存储器，而不是用于高频访问数据的某种缓存。其他常见用例包括作业队列、实时分析以及会话管理等。

一些常见的例子有 Memcached、Redis、Riak 和 Vedis。

文档模型

文档模型使用键值来存储数据，但数据库可以看到聚集的结构。该模型将每个键与被称为文档的复杂数据结构配对。文档模型可以包含许多不同的键值对或键数组对，甚至包含嵌套的文档。文档模型比键值模型有更广泛的用例。文档模型可用于内容管理系统和基于内容的网站、用户生成内容、监控系统、产品目录、在线游戏和社交网络应用。

一些常见的例子有 CouchDB、MongoDB 和 RethinkDB。

列式模型

列式模型具有关键值、文档以及关系模型的特征。列式数据库旨在处理海量数据；因此，列式数据库运行在集群（分布式）上，提供高可用性，并且没有单点故障。

一些常见的例子有 Bigtable、Cassandra、Hbase 和 SimpleDB。

图模型

图模型与其他模型完全不同。它的构建是为了满足对象之间有很多关系的场景。图模型用于存储有关网络的信息，例如社交连接。图模型将对象视为节点，将关系视为边，并且点和边都可以具有属性。图数据库通常不在集群上运行，而是仅在一台机器上运行，像关系数据库一样。

图模型的例子是 Neo4J 和 HyperGraphDB。

简而言之，关系数据模型具有复杂的操作运算和完整性规则集合，能够提供非常灵活的存储解决方案，可以应用于许多问题。此外，具有 ACID 特性的关系事务在一致性方面提供了强有力的保证。另一方面，NoSQL 数据库旨在为特定问题提供简单、高效的解决方案。

8.5 SPARK

Apache Spark[⊖]是一个开源的大数据处理框架，以快速、易用性和复杂的分析为基础。Spark 最初于 2009 年在加利福尼亚大学伯克利分校的 AMPLab 中开发，并于 2010 年作为 Apache 项目开源。Spark 的机器学习库被称为 MLlib[⊖]，其提供的函数功能在 Hadoop MapReduce 中不易使用，计算引擎 Spark 可以被视为对 Hadoop 的扩充。由于机器学习算法在内存中运行，因此这些算法的执行速度更快，与 MapReduce 程序相反，后者必须在处理的不同阶段对数据进行移入和移出。

Spark 是一个框架，它提供了一种高度灵活的、通用的处理大数据的方法，并没有采用严格的计算模型，并且其支持多种输入类型（Hamstra 和 Zaharia 2013）。这使得 Spark 能够处理文本文件、图数据、数据库查询以及数据流，且 Spark 也不仅限于两阶段的处理模型。程序员可以开发以任意有向无环图（DAG）模式排列的、任意复杂的多步骤数据流水线。

与其他大数据和 MapReduce 技术（如 Hadoop 和 Storm）相比，Spark 有几个优点。Spark 中的编程涉及定义一系列转换和操作。Spark 支持 map 操作和 reduce 操作，所以它可以实现传统的 MapReduce 操作，但它也支持 SQL 查询、图形处理以及机器学习。与 MapReduce 不同，Spark 将其中间结果存储在内存中，在工作负载方面表现得更加优越。

Spark 将 MapReduce 提升到了一个新的水平，并且在数据处理中使用了不太昂贵的 shuffles。凭借内存数据存储和接近实时处理等功能，其性能可能比其他大数据处理技术快几倍。Spark 还支持对大数据查询的惰性计算，这有助于优化数据处理工作流程中的步骤。它提供了更高级的 API 来提高开发人员的生产力，并为大数据求解方案提供一致的架构模型。

Spark 将中间结果保存在内存中，而不是将它们写入磁盘，这非常有用，尤其是在需要多次处理相同的数据集时。Spark 被设计成一个在内存和磁盘上都可以工作的执行引擎。当数据不适合内存时，Spark 将执行外存操作算法。Spark 可用于处理数据规模大于集群中总内存的数据集。

Spark 架构（如图 8-3 所示）包含下述三个主要组件：

数据存储：Spark 使用 HDFS 存储系统进行数据存储。它可以与任何 Hadoop 兼容的数据源（包括 HDFS、HBase 和 Cassandra）一起工作。

API：API 为应用程序开发人员提供了使用标准 API 接口创建基于 Spark 的应用程序。

⊖ https://spark.apache.org/

⊖ http://spark.apache.org/mllib/

Spark 为 Scala、Java 和 Python 编程语言提供了 API。

　　资源管理：Spark 可以作为独立的服务器，也可以部署在分布式计算框架中，比如 Mesos 或 YARN。

图 8-3　Spark 架构

　　Spark 是一种互补性技术，应该与 Hadoop 一起使用。请记住，Spark 可以脱离 Hadoop 框架单独运行，也可以与其他存储平台和集群管理器集成。Spark 可以直接在 Hadoop 上运行，这样 Spark 可以轻松地利用其存储和集群管理器。

　　Spark 还包括下述特征：

- 支持的不仅仅是 map 和 reduce 函数。
- 优化任意操作图。
- 对大数据查询的惰性计算，有助于优化整个数据处理工作流程。
- 在 Scala、Java 和 Python 中提供简洁而一致的 API。
- 为 Scala 和 Python 提供交互式 shell。这在 Java 中尚不可用。

Spark 采用 Scala[⊖]编程语言，并在 Java 虚拟机（JVM）环境中运行。

8.6　运动的数据

　　关于对大数据进行分析并使其可执行的这件事具有重大挑战。一些挑战如下所述：

- 数据的大小（体积）。
- 数据类型和数据源的多样性。
- 需要快速且复杂的分析。
- 生成新数据的速度。

⊖　http://www.scala-lang.org/

- 操作灵活性的需要；例如，能够快速创建或修改数据的视图或过滤器。

从不同的角度来看，实际应用中的例子也揭示了这其中存在一个大数据问题，"数据处于静止状态"——存储在数据库中的历史数据，以及"运动的数据"——从操作和交互过程中不停地生成数据。值得注意的是，这两类数据都在持续增长。

真实世界案例 3：基于位置的移动钱包服务

在基于位置的移动钱包服务中，电信服务商基于用户的历史偏好，可以实时向其提供基于位置的美食、娱乐和购物信息。例如，当客户靠近杂货店时，可以发送客户最喜欢的产品优惠券。

8.6.1 数据流处理

数据流处理是指数据在内存中进行处理（即主要依赖主存储器进行数据存储的数据库管理系统），而其对不断产生的数据进行逐条地分析。其目标是进行流式分析时提取可用于操作的信息，并通过实时警报和自动操作对异常做出反应，以纠正或避免该问题。

真实世界案例 4：保险数据流

一家保险公司需要比较不同地区的交通事故模式和天气数据。在这种情况下，分析必须快速而实用。另外，保险公司分析数据以查看是否出现新模式。

当数据不断地产生且需要进行数据分析时，流数据很有用。事实上，分析的价值（通常是数据）随着时间而下降。例如，如果无法立即进行分析并采取行动，则销售机会可能会丢失，或者可能未检测到威胁。

一些行业和部门正从流处理中受益。例如：

- 智慧城市：实时交通分析、拥塞预测和行程时间 App。
- 石油和天然气：实时分析和自动化操作以避免潜在的设备故障。
- 电信：实时呼叫评级、欺诈检测和网络性能数据。
- 安全智能：用于欺诈检测和网络安全警报，如检测智能电网消耗问题、SIM 卡滥用和 SCADA 入侵攻击。
- 工业自动化：为生产设备问题和质量问题的模式提供实时分析和预测操作。

流处理器的高级架构与信号处理硬件系统所呈现的数据流架构类型密切相关，其中到达的数据流通过处理节点的网络进行计时，并且当数据流经节点时，每个节点对数据执行某些操作或转换。软件流处理的方式完全相同，除了逻辑门之外，系统中的每个节点都可以连续执行且独立查询，可对数据流执行如过滤、聚集和分析等操作。

流处理器的概念架构是一个并发执行的连续查询网络，当数据流流经时，这些连续查询会对数据流进行操作。

8.6.2 实时数据流

批处理系统（例如 Hadoop）已经开发用于离线大数据处理平台。正如我们前几节讨论的那样，Hadoop 是一个高吞吐量的系统，可以使用被称为 MapReduce 的分布式并行处理范例来处理大量数据。但是，在不同领域中有许多情况需要对大数据进行实时响应，以快速做出决策（Ellis 2014）。例如，信用卡欺诈分析需要即时处理实时数据流，以预测给定交易是否是欺诈行为。Hadoop 不适合这些情况。如果不及时采取这样的决定，就会丢失减轻损失的机会。因此，需要能够在短时间窗内执行分析的实时处理系统，即关联和预测最近几分钟产生的事件流。为了增强预测能力，实时系统通常利用 Hadoop 等批处理系统。

真实世界案例 5：火力发电站的安全

火力发电站想要成为一个非常安全的环境，这样未经授权的人就不会对客户的供电进行干预。发电站将传感器放置在周围以检测移动。在这种情况下，需要实时分析来自这些传感器的大量数据，以便只有真正的威胁存在时才会发出警报。

根据数据规模和多样性，实时处理也需要处理数据的速度。在这方面有三个步骤：

1. 实时处理系统应该能够收集实时事件流产生的数据，以每秒数百万个事件的速率来计。

2. 需要并行处理这些数据，以及确定何时收集这些数据。

3. 应该使用复杂的事件处理引擎来执行事件关联，从这个移动的流中提取有意义的信息。

这三个步骤应该以容错和分布的方式进行。实时处理系统应该是一个低延迟系统，以便计算可以快速执行，且具有几乎实时的响应能力。

8.6.3 数据流与 DBMS

现在读者知道数据流是实时生成的连续数据序列。流可以被认为是无限大小的关系表。因此，考虑到任意属性，在流中维护数据项的顺序是不可能的。同样，不可能将整个流存储在内存中。但是，预计将会尽快开展这方面的研究。

真实世界案例 6：游戏数据馈送

实时数据处理工具可用于持续收集有关玩家与游戏互动的数据，并将数据提供给游戏平台。借助这些工具，人们可以设计一款游戏，根据玩家的操作和行为提供引人入胜的动态体验。

因此，标准的关系查询处理不能被直接应用，在线数据流处理已经成为数据管理的研究领域之一。关于在线数据流处理非常重要的常见示例是网络流量监控、传感器数据、网络日志分析、在线拍卖、库存和供应链分析以及实时数据集成。

传统的数据库管理系统（DBMS）是基于持久且相关的数据集的概念而设计的。这些DBMS 存储在可靠的存储库中，这些存储库频繁地更新和查询。但是有一些现代应用领域，其中数据以流的形式生成，数据流管理系统（DSMS）需要连续地处理流数据。

传统 DBMS 和 DSMS 之间的基本区别在于查询执行的性质。在 DBMS 中，数据存储在磁盘上，且查询是在持久数据集上执行的。相比之下，在 DSMS 中，数据项在线到达并在短时间内保留于内存中。DSMS 需要在非阻塞模式下工作，同时对数据流执行一系列操作。

为了适应一系列操作的执行，DSMS 经常使用窗口的概念。窗口基本上是在某个时间点所拍摄的快照，它包含一组有限的数据项。当有多个操作时，执行每个操作并将其结果存储在缓冲区中，该缓冲区还用作其他操作的输入。每个操作在覆盖之前需要管理缓冲区的内容。

大多数 DSMS 执行的常见操作是过滤、聚集、压缩和信息处理。基于流的连接需要执行这些操作。基于流的连接是一种将来自多个数据源的信息组合起来的操作。这些数据源可能是流的形式，或者可能是基于磁盘的。基于流的连接是现代系统架构中的重要组成部分，在这种架构中，人们希望能够及时传输数据。一个例子是在线拍卖系统，它产生两个流，一个流用于公开拍卖，而另一个流包含对该拍卖的出价。基于流的连接可以在单个操作中将出价与相应的拍卖联系起来。

真实世界案例 7：电信行业的客户满意度

在竞争非常激烈的市场中，电信公司想确保对中断进行仔细监测，以使其可以检测到服务水平的下降并将其升级到适当的组。通信系统产生大量的数据，必须实时分析以采取适当的行动。延误检测错误可能会严重影响客户的满意度。

8.7 扩展机器学习算法

大多数机器学习算法属于 20 世纪 70 年代中期，当时的计算资源和数据集规模都十分有限，所以这些算法通常不具备足够的可扩展性以处理大数据。当一台机器无法加载整个数据集并且处理时间变得难以接受时，可扩展性是必不可少的。如果提前规划处理需求，则可以避免很多麻烦。例如，所有可扩展的解决方案都应该至少在两台机器上实现。这样，如果需要更多的处理能力，就可以在初始实现中解决大部分的扩展问题。

扩展机器学习算法的主要原因是：

- 大量数据实例：训练示例的数量非常大。
- 高输入维度：特征数量非常大，可能需要跨特征进行分区。
- 模型和算法的复杂性：许多高精度算法在计算上是昂贵的，并且依赖于复杂的程序或非线性模型。
- 推理时间约束：一些应用，如机器人导航等，需要实时预测。
- 模型选择和参数扫描：调整学习算法的超参数和统计评估，需要多次执行学习和推理。

真实世界案例 8：飞机发动机状态监测

航空公司需要每小时支付"机翼时间"费用，这是衡量飞机发动机运行可靠性的一个指标。这会使发动机制造商提高发动机的可靠性。在这里，机器学习方法使用从传感器实时接收到的多个操作和外部参数的数据，来执行故障隔离和修复支持的模式匹配。这有助于发动机制造商提前准确地预测发动机运行故障，从而提高服务收益并降低服务成本。这使得发动机行业能够实时预测设备的健康状况，只有必要时，客户才将设备释放以进行维护。诸如神经网络、支持向量机、决策树之类的机器学习算法在识别操作参数内的复杂相互依赖性，以及发现可能导致设备故障的异常方面非常有效。

机器学习算法被认为是数据驱动模型的核心。然而，可扩展性被认为是机器学习算法以及任何计算模型的关键要求。

基本上，有两种技术适用于扩展机器学习算法。

首先，Apache Mahout 和 Apache Spark 所遵循的现有顺序算法的并行化可以用于扩展机器学习算法。让 Mahout 有效地扩展并不像向 Hadoop 集群添加更多节点那么简单。诸如算法选择、节点数量、特征选择、数据稀疏、内存、带宽以及处理器速度等因素都会在确定 Mahout 如何有效地扩展方面发挥作用。Apache Mahout 旨在为大规模和智能数据分析应用提供可扩展的商业机器学习技术。Google、Amazon、雅虎、IBM、Twitter 以及 Facebook 等许多知名公司都在其项目中实现了可扩展的机器学习算法。这些公司的许多项目都涉及大数据问题，Apache Mahout 提供了一种工具来缓解重大挑战。Mahout 的核心算法，包括聚类、分类、模式挖掘、回归、降维、进化算法以及基于批处理的协同过滤，通过 map / reduce 框架在 Hadoop 平台上运行。

真实世界案例 9：推荐健身产品

产品推荐 App 通过智能传感器为用户收集健身数据，根据健身数据找到相似的用户，并向用户推荐健身产品。此应用迎合了来自不同制造商的传感器，并使用这些传感器，如睡眠传感器（跟踪睡眠质量）、活动传感器（跟踪步数、距离、燃烧卡路里以及爬楼梯）以及 Wi-Fi 智能秤（跟踪体重并同步用户的统计数据）。对于推荐引擎，应用程序使用用户相似度模型（有助于比较类似用户的健身趋势）。一个关键的挑战是推荐数据集需要实时更新。在这里，Mahout 适合应对这种挑战。该界面提供了一个刷新策略。当它被调用时，它负责将所有组件刷新到数据模型。数据模型在 MongoDB 上实现，以扩展刷新功能。Mahout 用户相似模型为推荐引擎的每个用户维护一个与其类似的用户列表。因此，该应用程序向 Mahout 查询类似的用户，并绘制他们的健身趋势。

其次，重新设计现有模型的结构以克服可扩展性的限制。这种技术的结果是扩展了现有技术的新模型，如词袋（CBOW）模型。Google 的研究人员通过消除非线性隐藏层，提出了 CBOW 模型，并将其作为前馈神经网络语言模型（NNLM）的扩展，NNLM 模型中的非线性隐藏层导致了原始模型的复杂性。这个扩展允许新模型有效地处理大数据，这是原始模型所不适合的。

8.8 数据科学中的隐私、安全和伦理

随着数据获取越来越容易，安全和隐私问题也越来越多。大量异构数据的收集和聚集现在是可能的。科学家、临床医生、企业、政府机构以及公民间的大规模数据共享正在成为常态。然而，正在开发的用于管理这些海量数据集的工具和技术往往不是为了集成足够的安全性或隐私措施而设计的，部分原因是我们缺乏对数据进行充分的训练，并且缺少对如何提供大规模数据安全和隐私的基本理解。我们也缺乏足够的政策来确保遵守当前的安全和隐私方法。此外，现有的安全和隐私技术方法正日益遭到破坏，因此需要经常检查和更新以防止数据泄漏。虽然聚集这些数据本身就是一个安全问题，但另一个问题是，这些丰富的数据库正在与其他实体（私人和公共）共享。

在许多情况下，潜在的敏感数据掌握在私人公司手中。对于 Google、Facebook 和 Instagram 等公司而言，有关其用户的数据是主要资产之一，并且已经是其销售产品的一部分（被称为有针对性的营销）。即使这不是上述公司的主要业务，保护其客户隐私和用户数据的能力也将成为主要风险。因此，任何大数据项目都应该尽早解决潜在的隐私问题、数据保护以及隐私相关风险。

数据科学家使用大数据来了解我们的购物偏好、健康状况、睡眠周期、移动模式、在线消费以及社交。在某些情况下，这些信息是个性化的。然而，将连接到个体的元素删除就是匿名化的一个特征。地理位置、性别、年龄以及与群体隶属相关的其他信息都与群体隐私问题有关，并且对数据分析很有价值。删除属于任意给定子集数据的所有元素，意味着将其内容从该集合剥离。因此，无论数据是否在非个体化的数据集上匿名，群体往往变得更加透明。

为了保护用户隐私，预防和检测数据滥用的最佳做法是实施连续监测。隐私保护分析是一个开放的研究领域，有助于最小化针对数据集的恶意行为的成功。但是，目前几乎没有切实可行的解决方案。

真实世界案例 10：欺诈和合规

在数据成为问题之前，可以对其检测并处理相关安全问题。在现实生活中，安全情况和合规性要求在不断变化，数据可以帮助揭示可疑活动，并以以前不可能的方式降低风险。分析数据可以降低欺诈调查的运营成本，帮助预测和防止欺诈，简化监管报告和合规性。要做到这一点，需要聚集和分析来自多个数据源和类型的数据，并一次分析所有数据——设想金融交易数据、来自移动设备的地理位置数据、商业数据以及授权数据。借助分析所有数据（包括消费地点、地理位置、交易数据）的能力，信用卡公司能够比以往更准确地发现潜在的欺诈行为。

差分隐私是保护隐私的第一步。差分隐私定义了一种隐私的正式模型，可以被实现并证明是安全的，其代价是增加了额外的计算开销，并将噪声添加到数据分析结果中。也许目前对差分隐私的定义过于保守，而新的更实际的定义可能会解决与实现这一原则相关的一些计

算成本。

尽管存在隐私问题，但大数据的使用对整个社会也有巨大的好处。通过使用人口和流动性数据，我们可以获得关于人类行为的重要洞察力，包括交通模式、犯罪趋势、危机应对和社会动荡。反过来，商业和政策制定者也可以利用这些来创建更好、更安全、更高效的社会。

8.9　练习

1. 描述大数据应用的 5V。进一步探索在数据驱动的行业部门内使用大数据技术；例如 Twitter、Facebook、eBay 或迪士尼。
2. 区分不同类型的 NoSQL 数据库。
3. 探索 Hadoop、Pig、Hive、Chukwa 和 HBase 的优势与局限性。
4. 确定 Hadoop 的三个真实世界用例。
5. 比较关系数据库管理系统（RDBMS）和 HBase。
6. 集群对数据库设计有何影响？
7. 零售商可以通过多种方式与客户进行交互，包括社交媒体、商店简报以及店内沟通。但是没有 Hadoop，客户的行为几乎是完全不可预测的。请说明。
8. 在新闻中搜索关于隐私泄露的文章。简要描述所报道的事件并讨论隐私影响。
9. （项目）医生只能访问其病人的病历。医生有权在医院执勤期间获得医疗记录。只有当患者知情同意后才能访问其记录。只有在紧急情况下，医生才能在没有得到患者同意的情况下访问患者记录。作为一名数据科学家，你将如何制定支持这种情况的政策？
10. （项目）选择任意一种 NoSQL 和 Hadoop 产品，并对所选工具进行比较研究（也包括优点和局限性）。
11. （项目）准备一份文章（或散文），在智慧城市领域中，突出强调与大数据相关的隐私挑战。该文章有助于决策者、公共当局、工业界和公民社会。

参考文献

White, T. (2012). *Hadoop: The definitive guide.* s.l.: Yahoo Press.
Akerkar, R. (2013). *Big data computing.* s.l.: Chapman and Hall/CRC.
Boulon, J. et al. (2008). *Chukwa, a large-scale monitoring system* (pp. 1–5). Chicago: s.n.
Dean, J., & Ghemawat, S. (2004). *MapReduce: Simplified data processing on large clusters* (pp. 137–150). San Francisco, CA, s.n.,.
Ellis, B. (2014). *Real-time analytics: Techniques to analyze and visualize streaming data.* s.l.: Wiley.
Hamstra, M., & Zaharia, M. (2013). *Learning spark.* s.l.: O'Reilly Media.

第 9 章
R 语言的数据科学活动

正如我们在第 1 章和附录中所看到的那样，有几种免费的商业工具可用于探索、建模和显示数据。由于其灵活性和有用性，开源编程语言 R 用于演示本书讨论的许多分析技术。熟悉 R 这样的软件可以让用户可视化数据，运行统计测试并应用机器学习算法。R 可以运行在几乎任何标准的计算平台和操作系统上。它的开源性质意味着任何人都可以自由地将软件应用到他们选择的任何平台上。事实上据报道，R 已经在现代平板电脑、手机和游戏机上运行。相比许多其他统计软件包，R 的一个关键优势是其复杂的图形功能。

虽然 R 拥有强大的统计算法和图形功能，具有一定的说服力和灵活性；但是，R 是单线程的，且为内存算法。因此，很难将 R 扩展到大规模数据集。由于这个缺点，数据科学家主要依赖于对平台上的大数据集进行采样，然后对减少的数据执行分析算法。显然，他们没能从减少的数据中获得有价值的洞察力。人们可以通过两种方式将 R 的统计功能与 Hadoop 的分布式集群相集成：与 SQL 查询语言交互，以及与 Hadoop Streaming 集成。

本章简要概述了 R 语言的基本功能。

9.1 入门

主 R 系统可从 R 综合档案网络⊖中获得，该网络也被称为 CRAN。CRAN 还拥有许多附加软件包，可用于扩展 R 的功能。

读者一旦下载并安装了 R，打开 R 并找出你当前的目录，输入 getwd()。如果想要更改目录，请使用 setwd（请注意，"C:"符号适用于 Windows，在 Mac 上会有所不同）：

```
> setwd("C:\\Datasets")
```

UC Irvine 机器学习库⊖包含几百个数据集，主要来自科学和商业领域的各种实际应用。这些数据集被机器学习研究人员用来开发和比较算法。

此外，用户还可以通过网络免费地添加其他已创建的功能，来轻松地扩展 R 的基本功

⊖ https://cran.r-project.org/
⊖ http://archive.ics.uci.edu/ml/datasets.html

能。我们并不需要通过浏览网页来寻找这些功能包，而可以通过使用"Packages"菜单项来增加这些功能。

例如，想要添加之前未下载到计算机上的一个新的软件包，请单击"Packages → Install Package(s)"，从列表中选择一个站点，然后从长列表中选择要安装的软件包。要激活这个包，需要单击"Packages → Load Package"菜单项。之后就可以使用它了，软件包的帮助文件也会自动地添加到安装中。例如，单击"Help → HTML help"菜单项，然后在打开的浏览器窗口中单击"Packages"。

另一个重要的事情是需要确定 R 用来加载和保存文件的工作目录。用户需要在会话开始时选择工作目录。这可以通过文本命令完成，但通过菜单栏会更简单。在 PC 上，单击文件选项下的更改目录。在 Mac 上，单击 Misc 选项下的更改工作目录。也可以使用 read.csv 直接从网站加载文本文件，只需用括号中的网站名称代替。

9.2　运行代码

只需在命令提示符下键入，即可使用 R；但是，这并不容易保存、重复或分享所写的代码。所以，找到顶部菜单中的"File"，然后单击"New script"。这将打开一个新窗口，可以另存为 .R 文件。想要执行代码，请在此窗口中键入内容，突出显示要运行的行，然后在 PC 上按 Ctrl-R 或在 Mac 上按 Command-Enter。如果想运行整个脚本，需要确保该脚本窗口位于其他所有脚本之上，然后单击"Edit"，再单击"Run all"。在命令提示符下，任何运行的行都以红色显示。

当想要测试任何数据科学算法时，应该使用多种数据集。为了方便，R 附带自己的数据集，可以通过在命令提示符处键入 data() 来查看其名称列表。

9.3　R 基础知识

在 R 控制台中键入 R 命令，以便在 R 中执行分析。在 R 控制台中，将看到：

```
>
```

这是 R 提示符。我们在此提示符后输入特定任务所需的命令。按下回车键后执行该命令。一旦开始使用 R，就可以输入命令，其结果将立即进行计算；例如：

```
> 2*3
[1] 6
> 10-3
[1] 7
```

由 R 创建的所有变量（标量、向量、矩阵等）被称为对象。R 将数据存储在几个不同类型的变量中。第一种类型是向量，它只是一串数字。矩阵变量是行和列中数字的二维排列。不太常见的是因子变量，如文本项中的字符串（例如名称）。如果电子数据表中包含要研究的数据，那么这些数据很可能被视为 R 中的数据框，它们是按列排列的向量与因子变量的组合。例如，你可能有一个带有样本代码（因子变量）的列，其具有测量位置或岩石类型（因子变量）的列，以及具有所测量的数值数据（向量变量）的列。

R 语言中有一些有用的函数，可以用于获取变量中数据的信息，如下所示。

查看包含在变量中的数据，只需在命令行键入其名称即可：

```
> variablename
```

在数据框中查看数据的列名称，而不显示数据，请执行以下操作：

```
> names(dataframename)
```

为了手工重命名列或行：

```
        > colnames(dataframename)<-
    c("Column1","Column2","ColumnN")
```

```
> rownames(dataframename)<-c("Row1","Row2","RowN")
```

查看因子变量中的类别列表，并按字母顺序排列：

```
> levels(factorname)
```

计算向量变量中的项目数量：

```
> length(vectorname)
```

计算数据框中的行数：

```
> nrow(dataframename)
```

此外，在 R 中，我们使用箭头为变量赋值。例如，我们可以使用下面的命令将值 2*3 分配给变量 *x*：

```
> x <- 2*3
```

查看任何 R 对象的内容；只需键入其名称，就会显示这个 R 对象的内容：

```
> x
[1] 6
```

R 中有许多不同类型的对象，包括标量、向量、矩阵、数组、数据框、表格和列表。标量变量 *x* 是 R 对象的一个示例。虽然像 *x* 这样的标量变量只有一个元素，但矢量由多个元素组成。矢量中的元素都是相同类型的（例如数字或字符），而列表可能包括诸如字符和数字之类的元素。

为了创建一个向量，我们可以使用 c()（combine）函数。例如，要创建一个名为 **myvector** 的向量，其值为 9、6、11、10 和 4，我们输入：

```
> myvector <- c(9, 6, 11, 10, 4)
```

查看变量 **myvector** 的内容，可以键入它的名称：

```
> myvector
[1]  8  6  9 10  5
```

[1] 是矢量中第一个元素的索引。我们可以通过键入向量名字以及在方括号中给出的该元素的索引，来提取向量的任何元素。例如，要获取向量 **myvector** 中第三个元素的值，我们输入：

```
> myvector[3]
[1] 11
```

与向量相比，列表可以包含不同类型的元素；例如，数字和字符。列表还可以包含其他变量，如矢量。**list()** 函数用于创建列表。例如，我们可以通过键入下述命令创建一个列表 **mylist**：

```
  > mylist <- list(name="James", wife="Rita",
myvector)
```

然后，我们可以通过输入列表名称，打印列表 **mylist** 的内容：

```
> mylist
$name
[1] "James"

$wife
[1] "Rita"

[[3]]
[1]  8  6  9 10  5
```

列表中的元素被编号，并且可以使用索引来引用。我们可以通过键入列表名称以及在双方括号中键入元素索引，来提取列表元素。因此，我们可以通过输入下述内容，从 **mylist** 中提取第二个和第三个元素：

```
> mylist[[2]]
[1] "Rita"
> mylist[[3]]
[1]  9, 6, 11, 10, 4
```

列表中的元素也可以被命名，在这种情况下，元素可以通过下述方式引用，列表名称加上 "**$**" 且后面跟着元素名称。例如，**mylist$name** 与 **mylist [[1]]** 相同，**mylist$wife** 与 **mylist [[2]]** 相同：

```
> mylist$wife
[1] "Rita"
```

我们可以通过 **attributes()** 函数来查找列表中已命名元素的名称，例如：

```
> attributes(mylist)
$names
[1] "name" "wife" ""
```

当使用 **attributes()** 函数查找列表中变量的命名元素时，命名元素总是以 "**$names**" 开头。因此，我们看到列表变量 **mylist** 的已命名元素被称为 "name" 和 "wife"，我们可以分别通过键入 **mylist $ name** 和 **mylist $ wife** 来检索它们的值。

9.4 分析数据

R 具有简单的内置函数，用于计算关于样本的描述性统计量，以便估计数据的集中趋势（平均值或中值）和偏移量（方差或标准偏差）。要计算一组数字的均值、方差、标准偏差、最小值、最大值以及总和，请使用 mean、var、sd、min、max 以及 sum 函数。还有 rowSum 和 colSum 可用来查找矩阵的行和列总和。想要计算一组数字的绝对值和平方根，请使用 abs 和 sqrt 函数。两个向量的相关性和协方差分别用 cor 和 cov 计算。

最常遇到的问题是数据缺失（电子数据表中的空单元格，R 将其视为 NA）。如果在存在 NA 值时使用描述性统计函数，则结果也将为 NA。但是，所有描述性统计函数都有一个内置方法来处理 NA 值，因此对于 mean()、median()、var() 或 sd()，可以在命令中添加 na.rm==TRUE。

例如：

```
mean(x,na.rm=TRUE) #计算平均值时，已经
剔除了 NA 值

sd(x,na.rm=T) #只要是唯一标识符，就可以
对其进行缩写（T 是 TRUE 的唯一缩写，因为它
不能被混淆为 FALSE 或 F）
```

和其他编程语言一样，可以编写 if 语句，for 和 while 循环。例如，下面是一个简单的循环程序，输出 1 到 10 之间的偶数（%% 是模运算）：

```
> for (i in 1:10){
    + if(i%%2==0){
    + cat(paste(i, "is even.\n", sep=" ")) #
使用 paste 函数来连接字符串
    + }
+}
```

for 循环的 1:10 部分可以被指定为一个向量。例如，如果想循环索引 1、2、3、5、6 和 7，则可以键入 for(i in c(1: 3, 5: 7))。为了挑选满足某个属性的向量中的元素索引，可以使用 "which"；例如：

```
> which(v >= 0)     #非负元素 v
的索引
> v[which(v >= 0)] #非负元素 v
```

9.5 示例

R 的几个优点之一在于其建模函数的多样性和便利性。公式对象提供了一种简洁的方法，用于描述适合数据的精确模型，这对 R 中的建模非常重要。R 中的建模函数通常将公式对象作为参数。建模函数返回一个模型对象，其包含有关拟合的所有信息。一般的 R 函数，如 print、summary、plot 以及 anova，都有已定义的用于精确对象类的方法，以返回适用于该类型对象的信息。

9.5.1 线性回归

统计学习中最常见的建模方法之一是线性回归。在 R 中，使用 `lm` 函数来生成这些模型。下述命令用于生成线性回归模型，并给出模型的概要。

```
> lm_model <-lm(y ~ x1 + x2,
data=as.data.frame(cbind(y,x1,x2)))

> summary(lm_model)
```

模型系数用向量表示，并包含在 `lm_model $coefficients` 中。

9.5.2 逻辑回归

无须为逻辑回归安装额外的软件包。使用与上述相同的符号（线性回归），命令是：

```
> glm_mod <-glm(y ~ x1+x2,
family=binomial(link="logit"),
data=as.data.frame(cbind(y,x1,x2)))
```

9.5.3 预测

为了进行预测，我们使用预测函数。只需输入？`predict.name`，其中 `name` 是该算法对应的函数。通常，第一个参数用于保存模型的变量，第二个参数是测试数据的矩阵或数据框。当调用函数时，可以直接输入 `predict` 而不是 `predict.name`。例如，如果我们要预测上面的线性回归模型，并且 `x1_test` 和 `x2_test` 是包含测试数据的向量，那么我们可以使用下面的命令：

```
> predicted_values <-predict(lm_model,
newdata=as.data.frame(cbind(x1_test, x2_test)))
```

9.5.4 *k*- 最近邻分类

安装并加载分类包。令 **X_train** 和 **X_test** 分别为训练和测试数据的矩阵，标签为训练样例中类属性的二元向量。令 *k* 等于 *K*，命令是：

```
> knn_model <-knn(train=X_train, test=X_test,
cl=as.factor(labels), k=K)
```

`knn_model` 是该测试集的类属性的因子向量。

9.5.5 朴素贝叶斯

安装并加载 e1071 软件包。或者转到 https://cran.r-project.org/web/packages/e1071/index.html，在查找窗口中找到二进制软件包⊖，并将其放入 R 安装中的库文件夹内；然后在 R 中加载库。

该命令是：

⊖ http://i.stack.imgur.com/TaweP.jpg

```
> nB_model <-naiveBayes(y ~ x1 + x2,
data=as.data.frame(cbind(y,x1,x2)))
```

也可尝试下述命令：

```
library(e1071)

x <- cbind(x_train,y_train)

#拟合模型

fit <-naiveBayes(y_train ~ ., data = x)

summary(fit)

#预测输出

predicted= predict(fit,x_test)
```

9.5.6　决策树

决策树或递归划分是预测统计中简单而强大的工具。其思想是将共变量空间分成许多块，并在每个块中找出相应变量的拟合模型。CART（分类和回归树）在 **rpart** 软件包中实现。该命令是：

```
> cart_model <-rpart(y ~ x1 + x2,
data=as.data.frame(cbind(y,x1,x2)), method="class")
```

也可以使用 **plot.rpart** 和 **text.rpart** 来绘制决策树。

还可以尝试下述操作：

```
> install.packages('rpart')

> library(rpart)

> # 训练决策树

> treemodel <- rpart(Species~., data=iristrain)

> plot(treemodel)

> text(treemodel, use.n=T)

> # 使用决策树进行预测

> prediction <- predict(treemodel, newdata=iristest,
type='class')

> # 使用列联表来考察决策树有多准确

> table(prediction, iristest$Species)

prediction   setosa  versicolor  virginica

  setosa        10          0          0

  versicolor     0         10          3

  virginica      0          0          7
```

9.5.7 *k*-means 聚类

不需要额外的软件包。如果 X 是数据矩阵，m 是集群的数量，那么命令如下：

```
> kmeans_model <-kmeans(x=X, centers=m)
```

也可以尝试：

```
library(cluster)
fit <- kmeans(X, 3) # 3 聚类结果
```

而且，在 *k*-means 算法中，不仅需要定义距离函数，而且还要指定均值函数。此外，还需要指定 k（质心的数量）。

k-means 算法的计算复杂度为 O(n * k * r)，其中 r 是轮数且为常数，*k*-means 算法的输出取决于质心数量（如图 9-1 所示）。

```
> km <- kmeans(iris[,1:4], 3)
> plot(iris[,1], iris[,2], col=km$cluster)
> points(km$centers[,c(1,2)], col=1:3, pch=8, cex=2)
> table(km$cluster, iris$Species)

    setosa versicolor virginica
  1      0         46        50
  2     33          0         0
  3     17          4         0
```

输出结果如下：

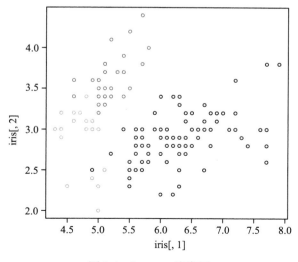

图 9-1 *k*-means 聚类图

9.5.8　随机森林

随机森林是一个重要的装袋模型。它使用多个模型以获取比仅使用单一树模型更好的性能。除了从 N 中选择 n 个训练数据外，在树的每个决策节点处，它从总的 M 个输入特征中随机选择 m 个特征，从中学习决策树，并且森林中的每棵树对输出进行投票。

```
> install.packages('randomForest')

> library(randomForest)

> # 训练 100 棵树，随机选择属性

> model <- randomForest(Species~., data=iristrain,
nTree=500)

> # 使用该森林进行预测

> prediction <- predict(model, newdata=iristest,
type='class')

> table(prediction, iristest$Species)

> importance(model)

             MeanDecreaseGini

Sepal.Length      7.807602

Sepal.Width       1.677239

Petal.Length     31.145822

Petal.Width      38.617223
```

9.5.9　Apriori

为了运行 Apriori 算法，首先安装 `arules` 软件包并加载它。下面是如何使用 `Mushroom` 数据集⊖运行 Apriori 算法的示例。请注意，数据集必须是二元关联矩阵；列名应与构成"事务"的"项"相对应。下述命令输出结果概要以及所生成规则的列表。

```
> dataset <-read.csv("C:\\Datasets\\mushroom.csv",
header = TRUE) > mushroom_rules <-
apriori(as.matrix(dataset), parameter = list(supp =
0.8, conf = 0.9)) > summary(mushroom_rules) >
inspect(mushroom_rules)
```

可以根据首选支持和置信度阈值来调整参数设置。

9.5.10　AdaBoost

在 R 中有许多不同的提升（boosting）函数。提升函数的实现使用决策树作为基分类器。因此，应该加载 `rpart` 软件包。此外，提升函数 `ada` 在 `ada` 软件包中。令 X 为特征矩阵，标签是 0 ～ 1 类向量。该命令如下：

⊖ http://archive.ics.uci.edu/ml/datasets/Mushroom

```
> boost_model <-ada(x=X, y=labels)
```

9.5.11   降维

降维是指将具有多个维度的一组数据转换为具有较小维度的数据，并确保降维后的数据提供了类似的信息。这些技术被用于解决机器学习问题，以获取用于分类或回归任务的更好的特征。我们可以使用 **stats** 包中的 **prcomp** 函数来执行主成分分析（PCA）。PCA 是一个统计过程，它对数据集进行变换，并将其转换为包含线性不相关变量的新数据集，线性不相关变量被称为主成分。这个想法是，数据集被转换为向量集合，其中每个向量试图尽可能多地捕获数据中的差异（信息）。

```
library(stats)

pca <- prcomp(train, cor = TRUE)

train_reduced  <- predict(pca,train)

test_reduced  <- predict(pca,test)
```

9.5.12   支持向量机

支持向量机基于所定义的决策平面来定义决策边界。决策平面能够分离一组不同类的对象。支持向量机在现实世界的应用中提供了最先进的性能，如文本分类、手写字符识别、图像分类和生物序列分析等。

```
library("e1071")

# 使用 iris 数据集

head(iris,5)

attach(iris)

# 将 iris 数据分为 x 类（包含所有特征）
和 y 类

x <- subset(iris, select=-Species) y <- Species

# 创建 SVM 模型并显示摘要

svm_model <- svm(Species ~ ., data=iris)
summary(svm_model)

# 运行预测模型并评估其执行时间

pred <- predict(svm_model1,x)

system.time(pred <- predict(svm_model1,x))

table(pred,y)
```

9.5.13   人工神经网络

人工神经网络通常用于数据科学中的分类。其将特征向量分到不同的类，允许输入新数据并找出哪个标签最适合。该网络是一组人工神经元，像大脑中的神经元一样彼此相连。它通过每个类的大量例子来学习关联，并且学习样本对象间的相似点和不同点。

```
> library(neuralnet)

> nnet_iristrain <-iristrain

> nnet_iristrain <- cbind(nnet_iristrain,
  iristrain$Species == 'setosa')

> nnet_iristrain <- cbind(nnet_iristrain,
   iristrain$Species == 'versicolor')

> nnet_iristrain <- cbind(nnet_iristrain,
   iristrain$Species == 'virginica')

> names(nnet_iristrain)[6] <- 'setosa'

> names(nnet_iristrain)[7] <- 'versicolor'

> names(nnet_iristrain)[8] <- 'virginica'

> nn <- neuralnet(setosa+versicolor+virginica ~
   Sepal.Length+Sepal.Width+Petal.Length
   +Petal.Width,data=nnet_iristrain,hidden=c(3))

> plot(nn)

> mypredict <- compute(nn, iristest[-5])$net.result

> # 将多个二进制输出设置为类别输出

> maxidx <- function(arr) {
return(which(arr == max(arr)))
  }
> idx <- apply(mypredict, c(1), maxidx)

> prediction <- c('setosa', 'versicolor',
'virginica')[idx]

> table(prediction, iristest$Species)
```

prediction	setosa	versicolor	virginica
setosa	10	0	0
versicolor	0	10	3
virginica	0	0	7

9.6　在 R 中可视化

R 具有非常灵活的内置画图功能，可以创建高质量的可视化效果。R 的一个非常显著的特点是它能够用几行代码创建数据可视化。

基本绘图命令如下：

```
plot(x,y)#x 和 y 可以是要绘制的两个数
字、向量变量或数据帧列
```

上述代码通常绘制 *x–y* 散点图，但如果 **x** 是分类变量（即类名的集合），则 R 将自动绘制一个盒须图。

默认情况下，我们可以使用随 R 安装的 **mtcars** 数据集。启动绘图命令，其中 **disp** 表示 *x* 轴上的变量值，**mpg** 表示 *y* 轴上的变量值（如图 9-2 所示）：

```
> plot(mtcars$disp, mtcars$mpg)
```

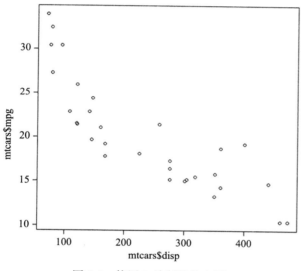

图 9-2　使用 R 绘制的散点图

此外，如果想标记 *x* 轴和 *y* 轴，可以使用参数 **xlab** 和 **ylab**，并使用参数 **las=1** 进行读取（如图 9-3 所示）：

```
> plot(mtcars$disp, mtcars$mpg, xlab="Engine
displacement", ylab="mpg", main="Comparison of MPG &
engine displacement", las=1)
```

要从 R 包含的样本 BOD 数据框中生成柱状图，基本 R 函数是 **barplot()**。因此，为了根据 BOD 数据集中的 demand 列绘制柱状图，可以使用以下命令：

```
> barplot(BOD$demand)
```

为了标记 *x* 轴上的柱形，可以使用 **names.arg** 参数，并将其设置为要用的标签（如图 9-4 所示）：

```
> barplot(BOD$demand, main="Bar chart", names.arg =
BOD$Time)
```

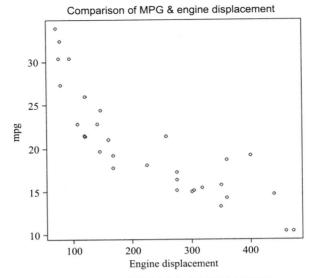

图 9-3　在 R 绘制的图中包含标题和轴标签

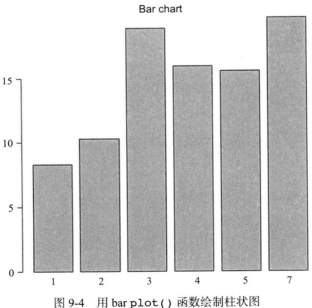

图 9-4　用 barplot() 函数绘制柱状图

  R 中有很多的绘图类型。可以将绘制好的 R 图形保存起来，以便在 R 环境外使用。在 RStudio 环境中，右下窗口的图表标签中有一个导出选项。

  如果在 Windows 系统中使用 R，则还可以右键单击图形以保存该文件。要使用 R 命令保存绘图而不是单击保存，首先可使用诸如 jpeg()、png()、svg() 或 pdf() 等函数为图像创建一个容器。这些函数需要有一个文件名作为一个参数，且可以选择宽度和高度，例如：

```
jpeg("myplot.jpg", width=350, height=420)
```

<p>R 语言的数据科学活动　　<strong>181</strong></p>

其他命令如下：

```
boxplot(x) #绘制箱线图

hist(x) #绘制直方图

stem(x) #绘制茎叶图

pie(x) #绘制饼图
```

9.7　编写自己的函数

如果 R 缺少算法中所需的函数，则可以自行编写。在 R 中编写自己的函数非常简单。一旦编写好这些函数后，它们将成为你的永久函数 R，与其他函数一样可用。如果需要创建一个在 apply() 或 sapply() 命令中工作的简单函数，自定义函数也很有用。就像将数据分配给变量一样，将函数分配给指定的命令。

在命令 function.name <- function(x) 中，#function_name 是函数的名字，function(x) 的含义为该函数仅有一个输入变量。

我们考虑下面的函数，其计算 a 和 b 的乘积，然后找到平均值，并最终取其平方根。

```
function.name<-function(a,b)

{

ab.product<-a*b

ab.avg<-mean(ab.product)

ab.sqrt<-sqrt(ab.avg)

ab.sqrt

}
```

这是另一个名为 sep 的函数的例子，它计算比例估计值的标准差。参数 "n" 是指样本大小，"X" 是的 "成功" 的数量。

```
sep <- function(X, n){

  p.hat <- X / n    #"成功" 的比例

  sep <- sqrt(p.hat*(1-p.hat)/(n-1)) # p.hat 的
标准差

  return(sep) # 将标准差
作为结果返回

  }
```

函数 sep 存储在 R 工作区中，所以只需要粘贴一次。如果在退出 R 时保存工作空间，那么当再次启动时 sep 将仍保存在那里；否则就需要重新粘贴。

我们调用 sep 函数，令 n=15，X=5，如下所示：

```
> sep(X = 5, n = 15) # 产生标准差

[1] 0.1259882
```

```
> sep(5,15)            # 如果 x 和 n 是按照适当的顺序给出的，那么是可行的
proper order

[1] 0.1259882
```

如果你正在编写函数，那么最好先不要让你的函数运行。通常，函数的目的是执行某个动作或想法。如果你的函数做了很多事情，那么可能需要分解成多个函数。

请注意，函数中的变量名称不需要与想要评估的实际变量相对应；所以要在数据上运行函数，只需键入。

9.8 Hadoop 上的开源 R

数据工程师继续探索不同的方法以利用 MapReduce 的分布式计算潜力，以及通过 R 来开发的无限 HDFS 存储容量，我们在下面列出了一些软件包，用于在不同层次上解决 R 的可扩展性问题。

RHive：这个开源 R 软件包允许 R 用户运行 HIVE 查询，并提供定制的 HIVE UDF 用于将 R 代码嵌入到 HIVE 查询中。虽然不涉及"透明度"问题，但 R 用户需要了解 HQL 函数，且明确地编写查询并将其传递到 RHive 函数中。需要安装 Rserver 和 RJava 软件包才能使其工作。这些附加软件包的性能影响尚不清楚。

RHadoop/ RMR2：这是 Hadoop 流行的 R 包之一。它的交互界面简单，并且可以使用 Hadoop 流来执行 MapReduce 作业。它还有一组接口可以与 HDFS 文件和 Hbase 表进行交互。除了配套软件包 rhdfs 和 rhbase（使得 R 可以分别与 HDFS 和 HBASE 一起工作），RMR 软件包还为数据分析师提供了一种大容量且容错并行的访问方法，无须掌握分布式编程。

Rhipe：Rhipe 是一个软件包，它允许 R 用户完全在 R 环境中使用 R 表达式来创建 MapReduce 作业。与 R 的这种集成是对 MapReduce 的变革；它允许分析人员使用可以解释的、功能强大的、灵活的 R 表达式来快速地指定 Maps 和 Reduces 作业。有一种定制的 jar 文件，可以调用每个集群中的 R 进程，并将协议缓冲区用于数据序列化 / 反序列化。但是，没有透明层来执行临时分析和数据准备。

Revolution R：它是一个商业 R，为 R 在 Hadoop 分布式系统上集成提供支持。Revolution R 确保在 Hadoop 上可以为 R 提供改进的性能、功能以及可用性。为了提供像 R 这样的深度分析，Revolution R 利用了公司的 ScaleR 库，这是一套专门为企业级大数据集开发的统计分析算法。

参考文献

An Introduction to R: https://cran.r-project.org/doc/manuals/R-intro.html

The R Journal (http://journal.r-project.org/index.html): The refereed journal with research articles introducing new R packages, updates on news and events, and textbook reviews.

www.r-project.org: The R Project home page. You will find official documentation, links to download all versions of R, information about the R contributors and foundation, and much more.

数据科学工具

在附录中，我们提供了在数据科学方面具有突出贡献的一些有用的工具，即数据挖掘、机器学习、软计算、预测分析和商业智能。我们在第 9 章中讨论了 R 语言，由于其丰富的行业标准算法，高质量的数据可视化功能，以及原生函数编程等，其被广泛使用并且广受赞誉。

BigML [⊖]

BigML 是一个基于云的机器学习平台，具有易于使用的图形界面。它还提供了简单的机制，通过 REST API 将预测模型集成到生产应用中。该平台结合了监督学习（构建预测模型）、无监督学习（理解行为）、异常检测（用于欺诈检测）、数据可视化工具（散点图和 Sunburst 图）以及许多探索数据的机制。生成的模型可以导出为 Java、Python Node.js、Ruby 代码，以及 Tableau 或 Excel 格式。

Python [⊖]

Python 是一种流行的通用高级编程语言，其具有直观且美观的语法，但运行时与编译语言（如 C++ 和 Java）相比可能较慢。2005 年创建的 NumPy 是一种用于快速矩阵数值计算的库，使用过 Matlab 或 C 的用户推动了机器学习社区中 Python 的使用。

Natural Language Toolkit

2001 年宾夕法尼亚大学结合计算机自然语言课程，开发了一款自然语言工具包（NLTK [⊜]）。设计 NLTK 时考虑了三种教学应用：作业、演示和项目。它是一套 Python 库，

⊖ https://bigml.com/
⊖ https://www.python.org/
⊜ http://www.nltk.org/

它可以轻松执行自然语言所涉及的常见任务，如词语划分、词干化、创建频率列表和索引、词性标注、解析、命名实体识别、语义分析以及文本分类。

DataWrangler⊖

DataWrangler 是斯坦福大学可视化研究组提供的用于数据清洗和转换的交互式工具。Wrangler 允许交互式地将混乱的真实世界数据转换为数据分析工具所用的表。

OpenRefine⊖

OpenRefine 以前被称为 Google Refine，用于处理混乱的数据：清洗数据，将数据从一种格式转换为另一种格式，并使用 Web 服务和外部数据对该数据进行扩展。

Datawrapper

Datawrapper 由欧洲的新闻机构创建，旨在为新闻机构提供数据可视化。Datawrapper 基于 Web 的 GUI（图形用户界面），可以让用户创建一个图，只需四步。Datawrapper 是完全开源的，可以从 GitHub 页面下载并自行托管。Datawrapper 也可以在其网站上以云托管付费的服务形式提供。

Orange

Orange 是一个开源的数据挖掘、可视化环境、分析和脚本环境。Orange 环境与其小部件配对使用，支持最常见的数据科学任务。Orange 支持 Python 中的脚本以及对 C++ 程序的扩展。但是，Orange 不支持大数据处理。

RapidMiner

RapidMiner，前身是 Yale，已经成了授权的软件产品，而不是开源的。RapidMiner 能够执行过程控制（即循环），连接存储库，导入和导出数据，以及执行数据转换、建模（即分类和回归）和评估。RapidMiner 的特色功能是能够可视化过程流中的控制结构。建模包括决策树、神经网络、逻辑和线性回归、支持向量机、朴素贝叶斯和聚类等重要方法。在某些情况下（比如 k-means 聚类），可以实现多种算法，从而为数据科学家提供选择。RapidMiner 的 Radoop 专为大数据处理而设计，但在免费版本中不提供。

⊖　http://vis.stanford.edu/wrangler/
⊖　http://code.google.com/p/google-refine/

Tanagra

　　Tanagra 声称是一个开源的教学和研究环境，并且是 SPINA 软件的后继者。Tanagra 的功能包括数据源（数据读取）、可视化、描述性统计、实例选择、特征选择、特征构建、回归、因子分析、聚类、监督学习、Meta-Spv 学习（即 bagging 与 boosting）、学习评估以及关联规则分析。

Weka [⊖]

　　Weka 或怀卡托智能分析环境，是在 GUN 通用公证书的条件下发布的。Weka 由怀卡托大学开发，是一套基于 Java 的用于机器学习的软件包。对于大数据处理，Weka 拥有自己的软件包，其用于 map reduce 编程，以保持平台的独立性，同时也为 Hadoop 提供封装。

KNIME

　　KNIME 全称是康斯坦茨信息挖掘工具，这款软件起初由康斯坦茨大学开发，现在已发展成为一个功能全面的数据科学工具。大数据处理不包含在免费版本中，但可以作为 KNIME 大数据扩展包购买。

Apache Mahout [⊜]

　　为了深入理解机器学习（如 *k*-means 聚类、朴素贝叶斯等）和统计学，以及如何有效地将这些算法应用在大数据上，首先要了解的是 Mahout，它在 Hadoop 上实现了许多这些算法。

Hive [⊜]

　　通常，SQL 程序员已经熟悉数据很多年了，并且很好地理解了如何使用数据来获得业务洞察力。通过 Hive，可以使用熟悉的 SQL 函数访问 Hadoop 上的大型数据集。这是进入大数据世界的第一步。从查询的角度来看，使用 Apache Hive 为 Hadoop 集群中保存的数据提供了熟悉的界面，并且是开始使用的好方法。Apache Hive 是构建在 Apache Hadoop 之上的数据仓库基础架构，用于提供数据概要、特殊查询以及大型数据集分析。

⊖　http://www.cs.waikato.ac.nz/ml/weka/
⊜　http://mahout.apache.org/
⊜　http://hive.apache.org/

Scikit-learn[○—]

Scikit-learn 通过 Python 中的一致接口，提供了一系列有监督和无监督的学习算法。它是一款基于 Linux 系统的机器学习软件，鼓励学术和商业用途。Scikit-learn 软件包侧重于使用通用的高级语言，将机器学习带给非专业人士。

D3.js[○=]

D3.js 是一个全面的 JavaScript 库，它使得开发丰富且交互式的 Web 可视化以及生产可视化变得非常简单。D3 可以帮助用户使用 HTML、SVG 和 CSS 将数据带入生活。D3 强调网络标准，可以提供现代浏览器的全部功能，无须将用户绑定到专有框架中，将强大的可视化组件和数据驱动的方法结合到 DOM 操作中。基于网络的数据可视化工具趋向于非常快速地发展和专门化，但 D3 已经成为一种标准，并且经常与其他新库一起使用。

Pandas[○≡]

Pandas 是一个开源的库，为 Python 编程语言提供高性能且易于使用的数据结构和数据分析工具。它提供了快速、灵活且富有表现力的数据结构，主要使得结构化数据（表格式、多维、潜在异构）和时间序列数据的操作变得简单直观。它致力于成为在 Python 中进行实际数据分析的基本高级构件块。

Tableau Public[®]

Tableau Public 是最流行的可视化工具之一，支持多种图表、图形、地图和其他图形。这是一个免费的工具，用它制作的图表可以很容易地嵌入任何网页。但是，Tableau Public 没有存储器或浏览数据的地方。相反，它专注于让用户在桌面上探索数据和连接模块，然后将用户的发现嵌入到网站或博客中。

Exhibit[®]

Exhibit（SIMILE 项目的一部分）是一个轻量级的结构化数据发布框架，允许开发人员创建支持排序、过滤以及丰富可视化的网页。Exhibit 侧重于语义 Web 类型的问题，可以通

○— http://scikit-learn.org/stable/
○= http://d3js.org/
○≡ http://pandas.pydata.org/
四 https://public.tableau.com/
五 http://simile-widgets.org/exhibit/

过将丰富的数据写入 HTML，然后配置一些 CSS 和 JavaScript 代码来实现 Exhibit。Exhibit 允许用户轻松地创建具有高级文本搜索和过滤功能的网页，并具有交互式地图、时间轴和其他可视化功能。

Gephi ⊖

　　Gephi 是一个易于访问且功能强大的网络分析工具，它也被称为"网络 Photoshop"。将数据可视化为互相连接的网络有助于揭示模式和行为，分析互连，以及发现看似异常的项。Gephi 使用 3D 渲染引擎，与许多视频游戏使用的技术相同，以便创建视觉上令人惊叹的图形。Gephi 可用于探索、分析、空间化、过滤、聚类、操作和导出所有类型的网络。

NodeXL ⊖

　　NodeXL 是一个功能强大且易于使用的交互式网络可视化和分析工具，它利用广泛可用的 MS Excel 应用作为平台，用于表示通用的图形数据，执行先进的网络分析和网络可视化探索。该工具支持多个社交网络数据提供者，其将图形数据（节点和边界列表）导入到 Excel 电子表格中。

Leaflet ⊜

　　移动就绪度是高流量和良好转化率的关键。Leaflet 是一个轻量级且移动友好的 JavaScript 库，可以帮助用户创建交互式地图。设计 Leaflet 时考虑到了简单性、性能和可用性。它适用于所有主流桌面和移动平台，利用现代浏览器中的 HTML5 和 CSS3，同时还可以在较旧的浏览器上访问。它可以通过大量的插件进行扩展，具有一个美观、易于使用并且容易记录的 API，以及一个简单易读的源代码，这些源代码很值得参与其中。

Classias ®

　　Classias 是用于分类的机器学习算法的集合。其核心实现的源代码结构合理，并且可重用；Classias 提供诸如损失函数、实例数据结构、特征生成器、在线训练算法、批量训练算法、性能计数器以及参数交换器等的组件。在这些组件上编写应用程序非常简单。

⊖　https://gephi.org/
⊖　https://nodexl.codeplex.com/
⊜　http://leafletjs.com/
⊛　http://www.chokkan.org/software/classias/

附录 B
计算智能工具

NeuroXL[⊖]

NeuroXL 分类器是一款快速、功能强大并且易于使用的神经网络软件工具，用于在 Microsoft Excel 中对数据进行分类。NeuroXL Predictor 是一种神经网络预测工具，可以快速、准确地解决 Microsoft Excel 中的预测和估算问题。在 NeuroXL 产品中，所有的科学都隐藏在"幕后"，只留下对用户来说真正重要的东西：他们拥有什么，他们得到了什么。NeuroXL 结合了神经网络和 Microsoft Excel 的强大功能，几乎任何人都可以轻松使用。借助 NeuroXL，可以在几秒钟内完成所有艰苦的工作。

Plug & Score[⊜]

Plug & Score 是一款基于逻辑回归的评分软件，其用于记分卡开发、验证和监测。通过单击 Plug & Score 引擎就可以部署记分卡，实现实时评分请求的自动处理。

Multiple Back-Propagation（MBP）[⊜]

多层反向传播是一款免费的应用程序，通过反向传播和多层反向传播算法训练神经网络，并且能够为训练后的网络生成 C 代码。

A.I. Solver Studio®

A.I. Solver Studio 是一款独特的模式识别应用程序，它用于寻找分类问题的最优解决方案，并且使用一些功能强大且经过验证的人工智能技术，包括神经网络、遗传编程以及遗传

⊖ http://www.neuroxl.com/
⊜ http://www.plug-n-score.com
⊜ http://dit.ipg.pt/MBP/
㊃ http://www.practical-ai-solutions.com/AISolverStudio.aspx

算法。A.I. Solver Studio 不需要用户具有特殊知识，因为该软件自行管理求解问题的所有复杂性。这使得用户可以自由且专注地制定他们感兴趣的问题。

The MathWorks——Neural Network Toolbox [一]

该工具箱为神经网络的设计、实现、可视化以及仿真提供了一套完整的功能和图形用户界面。它支持最常用的有监督和无监督网络架构，以及一组全面的训练和学习功能。

Visual Numerics Java Numerical Library [二]

JMSL 完全是由 Java 语言编写的，是最广泛的数学、统计、金融、数据挖掘以及制图的类库。现在，JMSL 库包含神经网络技术，该技术增加了对 JMSL 系列产品中现有数据挖掘、建模和预测技术的广泛选择。

Stuttgart Neural Network Simulator [三]

SNNS（斯图加特神经网络模拟器）是由斯图加特大学并行和分布式高性能系统研究所（IPVR）开发的，其用于 Unix 工作站神经网络的软件模拟器。SNNS 项目的目标是为神经网络的研究和应用创建一个高效且灵活的模拟环境。

FANN（Fast Artificial Neural Network Library）[四]

FANN 库是用 ANSI C 语言编写的。该库实现了多层前馈人工神经网络，比其他库的算法快 150 倍。FANN 支持定点执行，以便在 iPAQ 等系统上快速执行。

NeuroIntelligence——Alyuda Research [五]

NeuroIntelligence 是一款为专家设计的神经网络软件，为应用神经网络解决现实世界预测、分类以及函数近似等问题提供智能支持。

EasyNN-Plus [六]

EasyNN-plus 是一款基于 EasyNN 的 Microsoft Windows 神经网络软件系统，能够以最

[一] http://www.mathworks.com/products/neuralnet/
[二] http://www.vni.com/products/imsl/jmsl/jmsl.html
[三] http://www-ra.informatik.uni-tuebingen.de/SNNS/
[四] http://sourceforge.net/projects/fann
[五] http://www.alyuda.com/neural-network-software.htm
[六] http://www.easynn.com/

少的用户干预从导入的文件或网格中生成多层神经网络。EasyNN-plus 生成的神经网络可用于数据分析、预测、预报、分类和时间序列预测。

NeuroDimension——Neural Network Software[☉]

NeuroSolutions 是一款功能强大且灵活的神经网络建模软件，是解决数据建模问题的理想工具。

BrainMaker——California Scientific Software[☉]

BrainMaker 是一款神经网络软件，可以让用户在自己的 PC 上进行商业分析和营销预测，以及股票、债券、商品、期货预测、模式识别和医疗诊断。

Classification & Prediction Tools in Excel[☉]

一组开源工具，用于使用神经网络在 Excel 中进行数据挖掘和预测。NNpred、NNclass 和 Ctree 是 Excel 中的三个工具集合，用于构建预测模型和分类模型；它们是免费和开源的。这些工具适用于中小型数据集。这里的目标是为神经网络、预测和分类问题领域的初学者提供易于使用的工具。用户可以将自己的数据集放入工具中，使用各种参数进行实验，并研究最终结果的效果。这些工具对于课堂教学环境非常有用，并且可以快速构建小型原型系统。

SIMBRAIN®

SIMBRAIN 是一款用于构建、运行和分析神经网络的免费工具。SIMBRAIN 的目标是尽可能视觉化和易于使用。SIMBRAIN 的独特之处在于其集成的组件以及对网络激活空间的表示。SIMBRAIN 是用 Java 编写的，可在 Windows、Mac OS X 以及 Linux 系统上运行。

DELVE®

DELVE 是评估学习方法性能的标准环境。它包含许多数据集和一个学习方法的档案。

㊀ http://www.neurodimension.com/

㊁ http://www.calsci.com/BrainIndex.html

㊂ http://www.sites.google.com/site/sayhello2angshu/dminexcel

㊃ http://simbrain.sourceforge.net/

㊄ http://www.cs.toronto.edu/~delve/

Skymind

Skymind 是支持开源框架 Deeplearning4j 的商业软件，通过 Hadoop 和 Spark 为企业带来深度学习的力量。

Prediction.io

Prediction.io 是一款面向开发人员和数据科学家的开源机器学习服务器，可以通过零停机训练和部署，为生产环境创建预测引擎。

Parallel Genetic Algorithm Library（pgapack ）

PGAPack 是一个通用的数据结构中立的并行遗传算法库，由美国阿尔贡国家实验室开发。

Parallel PIKAIA

如果希望使用基于遗传算法的 FORTRAN-77 优化子程序 PIKAIA®，并且想要最大化的模型适应度函数在计算上是密集型的，那么并行 PIKAIA 是不错的选择。

Evolving Objects（EO）: An Evolutionary Computation Framework

EO 是一个基于模板的 ANSI-C++ 进化计算库，可以帮助用户编写自己的随机优化算法。这些算法都是随机算法，因为它们迭代使用随机过程。这些方法大多数是用来解决优化问题的，也可能被称为"元启发式"。

---

 http://www.skymind.io/

 https://prediction.io/

 https://code.google.com/p/pgapack/

 http://www.hao.ucar.edu/public/research/si/pikaia/pikaia.html

 http://eodev.sourceforge.net/

推荐阅读

多语自然语言处理：从原理到实践

作者：Daniel M. Bikel 等 ISBN：978-7-111-48491-2 定价：99.00元

深入理解机器学习：从原理到算法

作者：沙伊·沙莱夫–施瓦茨 等 ISBN：978-7-111-54302-2 定价：79.00元

机器学习导论（原书第3版）

作者：埃塞姆·阿培丁 ISBN：978-7-111-52194-5 定价：79.00元

神经网络与机器学习（原书第3版）

作者：Simon Haykin ISBN：978-7-111-32413-3 定价：79.00元

推荐阅读

机器学习：贝叶斯和优化方法（英文版）

作者：[希] 西格尔斯·西奥多里蒂斯 等 ISBN：978-7-111-56526-0 定价：269.00元

本书对所有主要的机器学习方法和最新研究趋势进行了深入探索，既涵盖基于优化技术的概率和确定性方法，也包含基于层次化概率模型的贝叶斯推断方法。这些背景各异、用途广泛的方法盘根错节，而本书站在全景视角将其一一打通，形成了明晰的机器学习知识体系。书中各章内容相对独立，在讲解机器学习方法时专注于数学理论背后的物理推理，给出数学建模和算法实现，并辅以应用实例和习题，适合该领域的科研人员和工程师阅读，也适合学习模式识别、统计/自适应信号处理和深度学习等课程的学生参考。

深入理解机器学习：从原理到算法

作者：[以] 沙伊·沙莱夫-施瓦茨 [加] 沙伊·本-戴维 ISBN：978-7-111-54302-2 定价：79.00元

机器学习是计算机科学中发展最快的领域之一，实际应用广泛。这本教材的目标是从理论角度提供机器学习的入门知识和相关算法范式。本书全面地介绍了机器学习背后的基本思想和理论依据，以及将这些理论转化为实际算法的数学推导。在介绍了机器学习的基本内容后，本书还覆盖了此前的教材中一系列从未涉及过的内容。其中包括对学习的计算复杂度、凸性和稳定性的概念的讨论，以及重要的算法范式的介绍（包括随机梯度下降、神经元网络以及结构化输出学习）。同时，本书引入了最新的理论概念，包括PAC-贝叶斯方法和压缩界。本书为高等院校本科高年级和研究生入门阶段而设计，不仅计算机、电子工程、数学统计专业学生能轻松理解机器学习的基础知识和算法，其他专业的读者也能读懂。

推 荐 阅 读

教育部–阿里云产学合作协同育人项目成果

大数据分析原理与实践

书号：978-7-111-56943-5 作者：王宏志 编著 定价：79.00元

大数据分析是大数据产生价值的关键，也是由大数据到智能的核心步骤，因而成为当前快速发展的"数据科学"和"大数据"相关专业的核心课程。这本书从理论到实践，从基础到前沿，全面介绍了大数据分析的理论和技术，涵盖了模型、算法、系统以及应用等多个方面，是一部很好的大数据分析教材。

——李建中（哈尔滨工业大学教授，973首席科学家，哈尔滨工业大学国际大数据研究中心主任）

作为全球领先的云计算技术和服务提供商，阿里云在数据智能领域已经进行了多年的深耕和研究工作，不管是在支撑阿里巴巴集团数据业务上，还是大规模对外提供大数据计算服务能力上都取得了卓有成效的成果。该教材内容覆盖全面，从理论基础到案例实践，并结合了阿里云平台完成应用案例分析，系统展现了业界在数据智能方面的最新研究成果和先进技术。相信本书可以很好地帮助读者理解和掌握云计算与大数据技术。

——周靖人（阿里云首席科学家）

大数据分析可以从不同维度来解读。如果从"分析"的角度解读，是把大数据分析看作统计分析的延伸；如果从"数据"的角度解读，则是将大数据分析看作数据管理与挖掘的扩展；如果从"大"的角度解读，就是将大数据分析看作数据密集的高性能计算的具体化。因此，大数据分析的有效实施需要不同领域的知识。从分析的角度，需要统计学、数据分析、机器学习等知识；从数据处理的角度，需要数据库、数据挖掘等方面的知识；从计算平台的角度，需要并行系统和并行计算的知识。本书尝试融合这三个维度及相关知识，给读者一个相对广阔的"大数据分析"图景，在编写上从模型、技术、实现平台和应用四个方面安排内容，并结合以阿里云为代表的产业实践，使读者既能掌握大数据分析的经典理论知识，又能熟练使用主流的大数据分析平台进行大数据分析的实际工作。